国家重点研发项目资助："装配式混凝土工业化建筑高效施工关键技术研究与示范"（编号 2016YFC0701700）

新型预应力装配式框架体系（PPEFF 体系）
——理论试验研究、建造指南与工程案例

本书编著委员会　编著

U0286151

中国建筑工业出版社

图书在版编目（CIP）数据

新型预应力装配式框架体系：PPEFF 体系：理论试验研究、建造指南与工程案例/《新型预应力装配式框架体系（PPEFF 体系）——理论试验研究、建造指南与工程案例》编著委员会编著. —北京：中国建筑工业出版社，2019.12

ISBN 978-7-112-24426-3

Ⅰ. ①新… Ⅱ. ①新… Ⅲ. ①预应力混凝土结构-装配式构件-框架结构-工程施工-中国-指南 Ⅳ. ①TU378.4-62

中国版本图书馆 CIP 数据核字（2019）第 247032 号

新型预应力快速装配式框架体系（PPEFF 体系）是一种能够实现两天半一层快速建造且具有高抗灾性能、节能环保和较低建造成本等众多优点的新型干式装配结构体系。本书系统地介绍了 PPEFF 体系的构造特点、承载机理与性能、设计方法与流程、节点构造要求、构件生产工艺、施工安装要点以及工程案例。

本书图文并茂，读者可扫描文中二维码观看工程建造视频。本书适合于对预应力装配式混凝土结构有一定了解的中高级研究工作者、资深设计工程师和工程技术人员参考使用。

责任编辑：万　李　范业庶
责任校对：党　蕾

新型预应力装配式框架体系（PPEFF 体系）
——理论试验研究、建造指南与工程案例
本书编著委员会　编著

*

中国建筑工业出版社出版、发行（北京海淀三里河路 9 号）
各地新华书店、建筑书店经销
霸州市顺浩图文科技发展有限公司制版
临西县阅读时光印刷有限公司印刷

*

开本：787×1092 毫米　1/16　印张：11½　字数：237 千字
2019 年 12 月第一版　　2019 年 12 月第一次印刷
定价：**128.00** 元
ISBN 978-7-112-24426-3
（34938）

本书编著委员会

主　　　审：叶浩文

主　　　编：郭海山

副　主　编：李黎明　杨　玮　李　浩

主要编写人：郑　义　袁银书　齐　虎　曾　涛　史鹏飞

　　　　　　刘　康　李张苗　范文正　潘　寒　黄熙萍

　　　　　　赵小刚　李勇敢　李　贝　孙小华　蔡　锐

　　　　　　乔　龙　李　胜　刘伯生　郭志鹏　张云峰

　　　　　　李思遥　李德毅　谭　康　王　伟　王冬雁

序

　　装配式混凝土结构具有构件质量好、施工现场工作量少、施工装配效率高等优点，完全符合建筑业新型工业化和节能环保等转型升级目标。近年来，随着大型机械设备的普及和人工成本的不断提高，在政府的大力推动下，装配式混凝土建筑在我国正形成蓬勃发展的趋势。

　　迄今为止，国内应用的大部分装配式混凝土结构体系均建立在"等同现浇"的理论基础之上。"等同现浇"的理论是 20 世纪装配式结构发展初期阶段，在分析手段和试验研究不充分的条件下，通过相对复杂的连接构造尽可能使装配式结构的刚度、承载力和破坏模式与现浇结构相近；但因此也在发挥装配式结构优势方面带来不少局限。目前，我国已进入了社会主义发展的新时代，建筑科技水平也大为提高；因此，为了更充分发挥装配式建筑的效率优势，研发更高品质的"干式连接"的装配式结构体系和相应的设计理论，应该成为当前科技创新的重点。我相信，这方面的努力必将大力推动我国装配式建筑的健康发展。

　　自然，要研发出确实高效并易于推广应用的创新装配式体系，并非易事。每种新的构造都有其特有的承载机理和性能特点，要求研发者在对之深刻理解的基础上确保这种创新构造既安全可靠，又具备优良的工作性能，与此同时，还要充分考虑生产、施工建造的快捷方便和经济上的低成本。尚应指出，在研发过程中，在确保创新理念先进性的前提下，又要兼顾目前的国家规范体系，建立协调的、甚至需适当"妥协"的设计方法；否则，创新成果走不出实验室，无法规模化应用。

　　非常高兴看到郭海山博士勇于创新，带领研究团队，为推进我国干式装配式结构新体系新理论的发展做了非常有益的探索。他们经过多年艰辛努力，提出了创新的基于"非等同现浇"的"干式装配"框架结构体系，为此他们做了系统深入的理论和试验研究、建立了可行的设计方法，并完成了若干工程案例作为示范。这些扎实的工作使他们提出的创新体系已切实可行，可被成功应用；他们为此出版了这本专著，对所述新型装配式体系进行了系统介绍。郭海山博士具有扎实的理论功底和饱满创新热情，在结构仿真分析、试验研究、工程设计、施工建造和科研管理方面均具有较丰富的经历，这也正是使他在装配式结构的创新研究方面能提出新的思路，并扎实推进的基础。

　　我希望，这本专著的出版将能为推进新型预应力装配式框架体系在我国的发展应用，并进一步使装配式建筑的发展真正符合新型建筑工业化的要求做出贡献。乐为之序。

沈世钊

哈尔滨工业大学　教授

中国工程院　院士

2019 年 10 月 20 日于哈尔滨

前　言

利用后张预应力压接实现"干式装配"的"非等同现浇"装配式框架体系在地震作用下具有良好的自复位和低损伤的特性，是具有良好发展潜力的结构体系。自20世纪七八十年代开始，国内外众多学者和工程技术人员历经了三、四十年的研究与实践，相关规程规范已经日趋完善，工程也有一些应用，但并未呈现逐步增加的趋势。特别是在本研究之前，在我国尚无一项工程应用。究其原因，笔者认为之前已有的体系在结构双向抗侧体系布置、施工安装便利性和工程造价等方面均存在某些不足，并未完全被业主和工程界接受，制约了其应用。

针对原有预应力压接装配体系的不足，郭海山博士创造性地提出了新型预应力快速装配式框架体系（Precast Prestressed Efficiently Fabricated Frame，简称 PPEFF 体系）。在国家十三五重点研发项目"装配式混凝土工业化建筑高效施工关键技术研究与示范"（项目编号 2016YFC0701700）的支持下，研究团队对 PPEFF 体系的抗震性能、抗连续倒塌性能进行了系统理论研究和充分试验验证，相继完成了全国最大的装配式框架结构抗震试验和世界最大的抗连续倒塌试验，提出了 PPEFF 体系仿真分析方法和符合我国现行规范的实用设计方法，建立了 PPEFF 体系的高效制作和高效安装工艺。在此研究基础上，建成了两项示范工程（尚有 4 项工程正在实施中），实现了两天半一层的建造速度，取得了施工现场用工量减少 30％以上、非实体材料消耗减少近 50％、钢材消耗和整体建造成本进一步降低、结构抗震性能和抗连续倒塌性能进一步提升的良好效果，获得了国内外同行的广泛关注和认可。

本书是对以上部分研究工作及成果的阶段小结。力图从服务工程应用的角度，尽可能通俗地介绍 PPEFF 体系的构造特点、承载机理与性能、设计方法与流程、承载构造要求、构件生产工艺以及主体结构施工安装工艺。通过阅读本书，希望读者能够对 PPEFF 体系有一定的理解，并能够根据本书提出的设计方法、生产与安装工艺，结合本书提供的工程实施案例开展实际工程的设计、生产和建造工作。本书适合于对预应力装配式混凝土结构有一定了解的中高级研究工作者、资深设计工程师和工程技术人员。

本书共 5 章。第 1 章 PPEFF 体系构造特点，系统介绍了装配式框架体系的分类及特点，PPEFF 体系的产生、构成特点、承载机理和性能及效率优势；第 2 章 PPEFF 体系理论与试验研究，系统阐述了 PPEFF 体系抗震性能和抗连续倒塌性能的仿真及试验验证；第 3 章 PPEFF 体系设计指南，提出了 PPEFF 体系的适用范围，设计流程与方法，材料、节点与构件构造要求和基于性能的抗震分析与设计要求；第

4 章 PPEFF 体系生产施工指南，系统阐述了 PPEFF 体系预制构件的生产工艺要点和施工安装工艺要点；第 5 章 PPEFF 体系工程案例，从设计、生产和施工角度介绍了 PPEFF 体系实际工程应用案例。

本书由郭海山统稿。第 1 章由郭海山执笔；第 2 章由郭海山执笔，李黎明和郭志鹏编写了抗连续倒塌部分，齐虎、李德毅、谭康和史鹏飞参加了试验和仿真分析部分编写工作；第 3 章由郭海山和李黎明共同执笔；第 4 章由郭海山执笔，杨玮、李浩、李勇敢、袁银书、郑义、范文正、潘寒、黄熙平、赵小刚、李贝和李黎明参加编写工作；第 5 章由李黎明和郭海山共同执笔，杨玮、潘寒、黄熙平、赵小刚、李浩、曾涛、李勇敢、李贝、郭志鹏、张云峰和李思瑶参加了编写工作。本书其他参编人员参加了 PPEFF 体系的研究工作。本书由叶浩文主审。

本书的研究工作受到了哈尔滨工业大学沈世钊院士、欧进萍院士，中建集团肖绪文院士、台湾大学蔡克铨教授、清华大学潘鹏教授、东南大学吴刚教授、郭正兴教授、天津大学李忠献教授、师燕超教授、同济大学薛伟辰教授、武汉理工大学吴斌教授、美国 PCI 协会副主席 Roger J. Becker 的指导、启发与帮助。本研究的试验工作受到了中国建筑技术中心结构实验室、清华大学木工程系工程结构实验室和天津大学滨海土木工程结构与安全教育部重点实验室的大力支持。衷心感谢国家重点研发计划绿色建筑与建筑工业化专项"装配式混凝土工业化建筑高效施工关键技术研究与示范"（项目编号 2016YFC0701700）支持，国家重点研发计划政府间国际科技创新合作重点专项"净零能耗建筑关键技术研究与示范"（子课题编号 2016YFE0102300-02）支持，感谢中国 21 世纪议程管理中心的指导与帮助。

由于作者理论水平与实践经验有限，书中难免存在不足甚至谬误之处，恳请读者批评指正。本书研究团队对 PPEFF 体系的研究还在不断的深入过程中，尚有更多更深层次的问题需要探索，希望随着工程应用的不断增多，PPEFF 体系能得到不断地改进和完善。

本书编著委员会
2019 年 10 月

目　录

第 1 章

PPEFF体系构造特点

1.1 装配式混凝土框架梁柱节点

钢筋混凝土框架体系具有建筑空间布置灵活、混凝土用量少、抗震性能明确、延性好和施工便捷等优点，广泛应用于工业和民用建筑中。框架结构依据是否提供抗侧能力，可分为承重型框架和抗侧力框架。我国《建筑抗震设计规范》GB 50011—2010（2016版）6.1.5条明确规定："框架结构和框架—抗震墙结构中，框架和抗震墙均应双向设置"，因此，我国的公共建筑中普遍采用具有双向抗侧能力的框架结构。

装配式混凝土框架结构具有构件质量好、施工现场工作量少和施工装配效率高等优点，随着大型机械设备普及和人工成本的不断提高，获得越来越广泛的应用。梁柱节点是装配式混凝土框架结构最关键的连接节点之一，长期研究和实践形成了多种装配方式，可以分为非预应力装配和预应力装配两大类。

1.1.1 非预应力连接装配式梁柱节点

非预应力装配梁柱节点可分为"等同现浇"的湿连接节点（图 1-1a）和干式连接节点（图 1-1b）。

"等同现浇"的湿连接节点：是一种将预制柱与预制梁的装配连接点设置在受力较大的梁柱交接处，甚至是抗震耗能部位附近。其优点是预制梁柱规则，便于高效生产、运输及安装；缺点是装配区域耗钢量大、钢筋密集，施工难度大，施工质量要求高，工期较长；另一种是将预制柱与预制梁的装配连接点设置在受力较小的远离梁柱交接节点部位，优点是连接构造简单，对现场施工质量要求相对较低，但是预制构件多为含梁柱节点的异形构件，给制作、运输和安装带来了很大困难，工期也较长，除高烈度地震区，应用得越来越少。

非预应力干式连接节点：梁端剪力一般通过预制柱身牛腿传递，弯矩可以通过预埋钢板、螺栓或钢筋连接器来完成传递；相关构造措施可形成近似铰接、刚接或半刚接节点。带有外露牛腿的节点施工现场安装比较方便，比较适合工业厂房或构筑物；对于多高层框架结构，四面出牛腿柱子的制作、存储和运输效率低；采用明牛腿的构造对建筑的使用空间有一定影响，采用暗牛腿的构造会给梁柱的制造带来一定的不便。

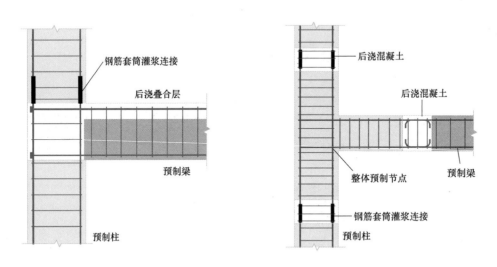

(a)"等同现浇"湿式节点

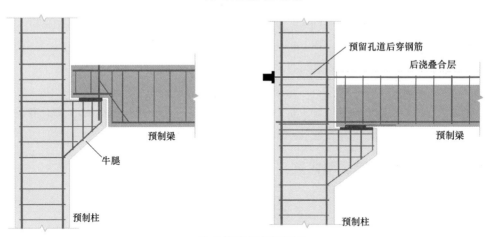

(b)非预应力干式连接节点

图 1-1　典型非预应力装配式梁柱节点

1.1.2　预应力装配式梁柱节点

与非预应力装配节点相比，预应力装配节点具有低损伤、自复位等优良抗震特性。自 20 世纪 90 年代发展起来的通过后张预应力筋在施工现场将梁柱压接装配在一起的连接节点，可分为有粘结预应力装配和无粘结预应力装配两类（图 1-2）。日本通常采用有粘结预应力装配节点，在节点上部和下部均设置预应力筋，既用于装配又

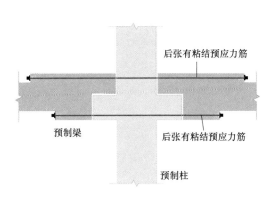

(a) 有粘结预应力装配(日本)

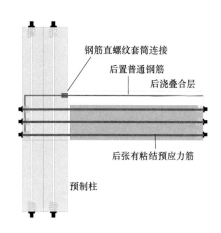

(b) 有粘结预应力装配(陈申一，2007)

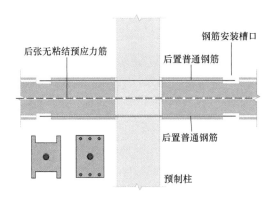

(c) 无粘结预应力装配(Hybrid Frame)

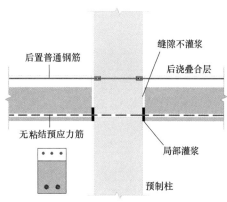

(d) 无粘结预应力装配(UMN GAP)

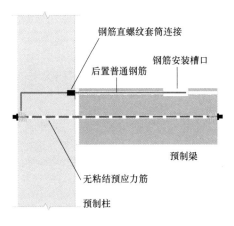

(e) 无粘结预应力装配(梁培新，2008)

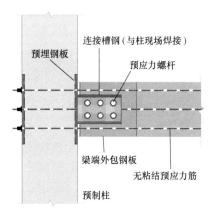

(f) 无粘结预应力装配(郭彤，2012)

图 1-2 典型预应力装配式梁柱节点

承担弯矩，节点的自复位能力好，但耗能能力较弱[1-3]。陈申一（2007）在有粘结预应力装配梁柱节点的叠合预制梁上部叠合层内设置穿过梁柱节点的耗能钢筋，增加了节点耗能能力，并做了两个 T 形预制边柱，矩形叠合梁节点拟静力试验，并与现浇节点进行了对比，表明带无粘段耗能钢筋的有粘结预应力装配节点其延性、弹性刚度、损伤情况优于现浇节点，但在达到极限承载力前的耗能仍低于现浇节点[4]。

美国华盛顿大学 Stanton（1995）等人在 NIST 的资助下，研究了适合高烈度地震区的 Hybrid Frame 无粘结预应力装配梁柱节点（图 1-2c）：预应力筋布置在梁中部，在罕遇地震下保持弹性，结构的自复位性能和整体安全性更好；贯穿节点上下部对称布置的耗能钢筋可大大提高节点耗能能力。其节点损伤模式与现浇节点不同，为在梁柱接触面部位开闭和梁端混凝土局部压溃，在节点试验中该节点展现了良好的弹性刚度、延性、自复位和低损伤性能[5]。20 世纪 90 年代，美日联合研究 PRESSS 项目重点研究了采用后张无粘结预应力装配的几种梁柱节点。美国明尼苏达大学的 Palmieri（1996）等人为降低罕遇地震下梁的伸长量，设计出一种在梁与柱接触面的上半部留 25mm 宽缝隙的 UMN-GAP 节点（图 1-2d）；无粘结预应力筋配置在梁柱节点下部，只在梁柱节点上部设置贯穿节点的耗能钢筋。当梁顶部耗能钢筋采用直螺纹连接时，试验构件在 2％的位移角下出现了钢筋接头脆断现象[6]。Hybrid Frame 节点和 UMN-GAP 节点均在后续 PRESSS 五层结构试验中进行了验证。试验中对 UMN-GAP 节点做了改进，取消了钢筋连接器。在预制梁柱中预埋套管，使用通长的耗能钢筋穿过梁柱交界面，然后在套管内灌浆。然而，试验中 UMN-GAP 节点梁柱接触面出现了滑移，且导致其少数梁上部耗能钢筋在节点剪切面滑动造成的拉弯作用下断裂，其整体损伤情况也较 Hybrid Frame 节点严重[7]。美国和新西兰学者后续对 Hybrid Frame 节点进行了系统研究，验证了该体系具有与现浇结构相当的抗侧力能力，并具有设防地震下自复位，低损伤的特性，提出了相应的仿真分析和设计方法。相关成果已经反映到美国、新西兰的国家规范中[8,9]，并有了一定规模的工程应用。其中，以 2001 年在美国加州旧金山市（高烈度地震区，相当于中国 9 度区）建成的 128m 高的 Paramount 大厦最引人注目[10]。

梁培新（2008）直接取消了 Hybrid Frame 节点下部的耗能钢筋，预制梁上部的耗能钢筋用直螺纹接头与预制柱内的钢筋连接（图 1-2e），并进行了 3 个边节点试验，分析了耗能钢筋面积，无粘段长度，预应力大小等参数对节点性能的影响。试验和分析表明该节点的耗能能力较现浇节点稍低，但仍保留有 Hybrid Frame 节点的低损伤特性[11]。郭彤（2012）提出了用柱身伸出槽钢通过黄铜摩擦片和高强度螺栓夹紧梁端，利用梁柱相对变形摩擦来提高节点耗能能力的"腹板摩擦自定心无粘结预应力装配式梁柱节点"（图 1-2f），并进行了 14 个低周往复荷载节点试验[12]。试验中该节点展现了良好的耗能能力和自复位特性，但钢板应用增加了节点制造复杂程度和造价。

综上所述，以上研究除日本有粘结预应力节点（图 1-3）和 Hybrid Frame 节点

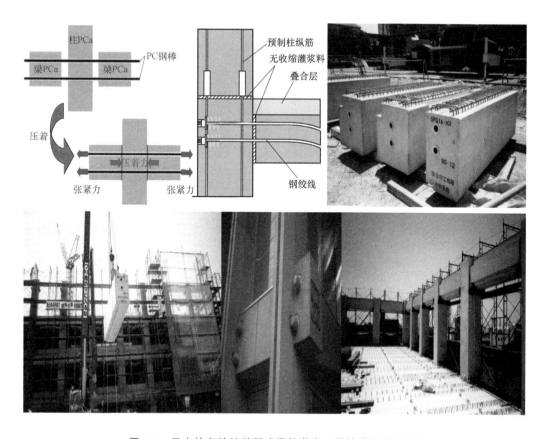

图 1-3 日本的有粘结装配式梁柱节点（图片来自互联网）

（图 1-4）有规模化的工程应用外，其他改型节点在某一方面有良好特性，但可能从构造复杂程度、材料消耗量、意外作用下的安全性、施工装配效率和质量保证难易程度方面存在某些问题，尚未为工程界广泛认可，也缺乏进一步框架结构层面的理论和试验研究。日本 2010 年在 E-DFENSE 振动台上同时进行了四层足尺后张有粘结预应力装配框架（另一个方向为装配式框架摇摆耗能墙）和现浇框架（另一个方向为框架-剪力墙）对比试验。试验结果表明，后张有粘结预应力装配梁柱节点框架的耗能能力较现浇框架差，结构响应更大[2]。Hybrid Frame 节点的不足主要体现在两个方面：一是梁柱节点上下及中部均有钢筋（或钢绞线）穿过，节点钢筋密集，工程中两个方向梁均与柱相交的情况下，节点钢筋过密，不易排布，因此 Hybrid Frame 节点在国外一般只用于单向抗侧框架；另一方面，Hybrid Frame 节点的安装工艺过于复杂，需要在梁上下部开槽，作为安装耗能钢筋的操作空间，导致预制梁制作复杂；特别是梁下部的耗能钢筋，安装操作不方便，施工措施费用高，存在一定施工安全隐患；其装配完成后还需要对开槽进行填平修补；耗能钢筋在预留的孔道内安装好后还需要进行灌浆，对施工质量要求高且不易检测灌浆质量。因此，Hybrid Frame 节点的首个工程应用距今已 18 年，全世界仅在美国和新西兰的高烈度地震区有少量工程应用。

图 1-4　Hybrid 体系装配式梁柱节点（图片来自互联网）

1.2　PPEFF 体系梁柱节点

新型梁柱节点的提出首先考虑的是预制构件生产与装配的高效性：

（1）预制梁、板、柱最好为规则的棱柱体，以方便工厂高效自动化制作、存储、运输和安装；

（2）预制柱身不宜设置永久牛腿，特别应避免中柱有四个牛腿同时伸出情况；

（3）预制柱宜贯通节点，减少施工现场工作量，提高节点施工质量；

（4）采用大跨度的预制预应力楼板，尽量减少造价昂贵、施工不便的预制主次梁装配节点的数量，同时也最大限度地减少次梁和板底施工支撑的使用，提高施工效率[13]。

PPEFF 体系节点、等同现浇节点和有粘结预应力节点构造简图对比如图 1-5 所示。

基于以上考虑，在 Hybrid Frame 节点的基础上提出了预制梁通过贯穿梁柱节点的预应力筋压接装配于预制柱上的 PPEFF（Precast Prestressed Efficiently Fabricated Frame）梁柱节点（图 1-6）：预制柱贯通节点，与梁相接部位预留柱内穿筋孔道；梁和楼板采用部分预制的叠合梁和叠合板；通过穿过预制梁中部和柱身的后张预应力钢绞线将预制梁装配于柱身；梁上部与柱相连的纵筋置于梁后浇叠合层内，在施工现

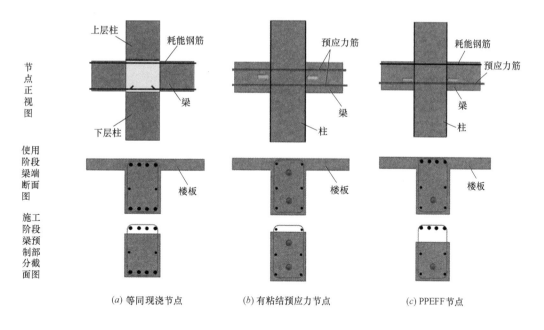

节点正视图

使用阶段梁端断面图

施工阶段梁预制部分截面图

(a) 等同现浇节点   (b) 有粘结预应力节点   (c) PPEFF节点

图 1-5 PPEFF 体系节点、等同现浇节点和有粘结预应力节点构造简图

场这些纵筋均通过钢筋连接器与柱内预埋的钢筋连接；梁上部后浇叠合层内的纵筋，一部分局部削弱且做无粘处理，置于梁顶部以提高抗弯耗能，另一部分纵筋位置稍低，采取防屈服措施以提高节点抗剪能力；施工现场通过贯穿预制梁中部和柱身的后张预应力钢绞线将预制梁装配于柱身；最后在装配好的预制叠合梁与预制叠合板顶部浇筑混凝土，使节点形成整体（相关技术特征已申报中国专利[14-16]）。

该节点具有如下三项主要特点：

特点 1：预制梁板采用叠合构件，梁板共同作用，仅上部设耗能钢筋，无粘预应力筋置于梁中下部，与 Hybrid 节点相比，提高了节点的承载效率与施工安装效率。梁板后浇叠合层的设置，一是方便耗能钢筋的现场安装；二是使梁板共同受力，降低楼盖体系结构高度，提高楼盖结构的整体性和防水性能。与 Hybrid 节点相比，后张无粘预应力筋不再设置于整体梁的中心，而是设置在梁预制部分的中心或偏下部，用于承担梁端全部正弯矩和跨中部分正弯矩，提高材料承载效率。后张无粘预应力筋不设置在靠近梁底部的原因：一方面，防止大震下预应力筋提供过高的抗弯承载力而过早进入塑性或断裂；另一方面，降低梁边缘混凝土的局部压应力，防止过度压溃引起可能的接触面剪切滑移。PPEFF 体系特点 1 使体系制作与安装更加高效。

特点 2：耗能钢筋进行局部削弱，保护钢筋直螺纹连接接头，提供稳定耗能能力。穿过 PPEFF 预制梁柱节点的耗能钢筋在施工现场通过直螺纹钢筋连接套筒与柱内的预埋钢筋连接。直螺纹连接为干作业，施工方便，但该连接处为节点最主要耗能区域，需要较高的延性，为防止破坏发生在直螺纹处（前文提到的 UMN-GAP 节点试验中出现了这种情况），PPEFF 节点对耗能钢筋在直螺纹接头 2～3 倍钢筋直径之

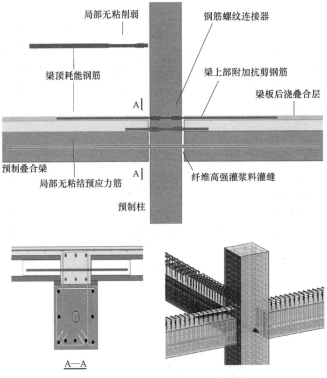

图 1-6　典型 PPEFF 体系梁柱节点

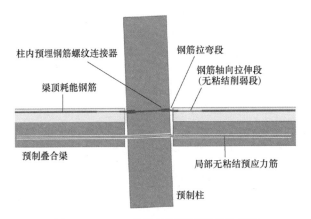

图 1-7　PPEFF 体系无粘削弱段工作机理

外对无粘耗能段进行了局部削弱处理，不仅是保护直螺纹钢筋接头防止脆性失效，也提高了钢筋耗能段的耗能能力。其机理如图 1-7 所示：PPEFF 节点（Hybrid Frame 节点类似）在进入塑性阶段后，梁柱接触面会张开，张开部位的钢筋因同时受拉弯作用会降低耗能能力和钢筋变形能力，影响整个节点性能[17]。PPEFF 节点在梁柱接触面以外的一定距离处设定削弱无粘耗能段，则削弱部位钢筋拉压受力较均匀，耗能能力和延性将有所提高，同时降低旁边未削弱拉弯段的应力。削弱的比例一般设为削减原钢筋截面面积的 20%，该数值亦可进一步优化。

特点 3：梁端单独设置高强抗剪钢筋，梁跨中部采用局部有粘结预应力筋提高体系抗倒塌能力。Hybrid Frame 节点梁柱交接截面的抗剪主要由预应力筋的夹紧摩擦提供，但是为了保证结构在预应力筋意外断裂下的安全性，美国 ACI 550.3-13 规定耗能钢筋的抗剪能力应不低于恒、活荷载作用下的梁端剪力；而新西兰 NZS3101：2006 规范要求应单独设置抗剪牛腿。暗牛腿虽然不会影响建筑的使用，但会增加制作与施工的复杂性和结构的造价。与 Hybrid Frame 节点类似，PPEFF 体系梁柱交接面处的抗剪也是主要由预应力筋的夹紧摩擦提供，为防止预应力意外失效情况下对梁支承的突然丧失，在叠合梁现浇层的底部，增设了高强抗剪钢筋（HRB500 或 HRB600 级钢筋或高强钢棒）穿过梁柱节点交界面与柱相连。为了防止附加抗剪钢筋在梁端负弯矩作用下受拉屈服，可控制其在梁中的粘结锚固长度（一般不超过 15 倍钢筋直径）。同时，PPEFF 体系预应力筋在每跨梁的中部设置一定长度的有粘结段，防止某处预应力筋意外断裂时，不致使其他梁段的预应力筋丧失预应力，提高整体结构的抗倒塌能力（图 1-8）。

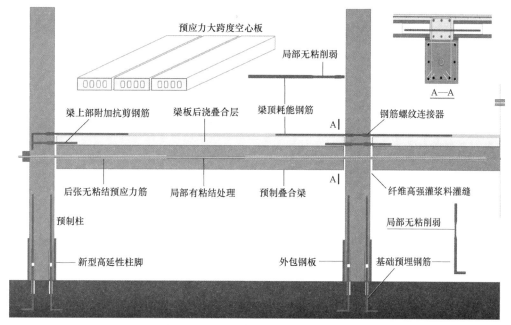

图 1-8 PPEFF 体系基本构成示意图

PPEFF 体系新型梁柱节点的抗震性能分析与试验验证，见第 2 章。

1.3 PPEFF 体系新型柱脚节点

框架体系在地震作用下柱脚首先出现塑性铰，确保柱脚的具有足够的延性是提高整个框架结构延性和耗能能力的关键，也是充分发挥 PPEFF 体系梁柱节点优良延性耗能能力的关键（图 1-9）。对小轴压比的柱脚，常规做法和构造即能获得良好的延性。但是，对于高轴压比（轴压比＞0.4）的柱脚，需要改进柱脚构造，提高延性，以匹配 PPEFF 体系高延性、低损伤的无粘结预应力梁柱节点。

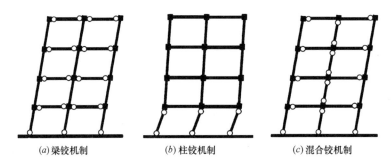

(a) 梁铰机制　　　　　(b) 柱铰机制　　　　　(c) 混合铰机制

图 1-9　框架体系的常见破坏模式

提高高轴压比柱脚延性的关键有两方面，一是加强柱脚混凝土的约束，提高混凝土的抗压强度和延性，降低大应变下混凝土的损伤；另一方面是避免钢筋应力过于集中，从而导致钢筋断裂。

PPEFF 体系的新型柱脚节点构造如图 1-10 所示[18-19]，采用预制柱底部外包薄钢板的方式加强对柱脚混凝土的约束作用，提高其延性。柱脚钢筋避免应力集中，提高延性的方式与 PPEFF 体系梁柱节点的耗能钢筋类似，采用局部削弱并进行无粘结处理的方式，使柱的塑性集中在削弱的钢筋处，避免柱身其他部位损伤。柱脚处混凝土和钢板对钢筋削弱耗能段的约束更好，耗能钢筋在受压屈服情况下能够避免屈曲，从而发挥更好的耗能效果。

PPEFF 体系新型柱脚的抗震性能分析与试验验证，见第 2 章。

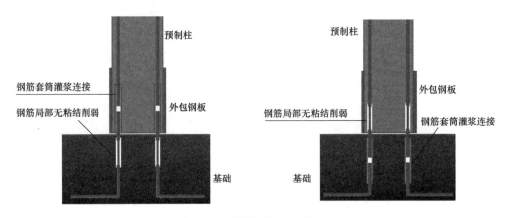

图 1-10　新型高延性低损伤柱脚

1.4　PPEFF 体系的预制楼板

该体系的楼板形式可以为带叠合层的预应力空心板、预应力混凝土钢管桁架叠合板、钢筋桁架叠合板或钢楼承板（图1-11）。预应力大跨圆孔板直接搁置于预制梁上顶面，板块周边（或板孔内）均匀设置拉接钢筋与周边框架梁进行可靠拉接，圆孔板上叠合层和预制叠合梁的叠合层混凝土一同浇注，形成整体。

(a) 预应力空心板

(b) 预应力混凝土钢管桁架叠合板

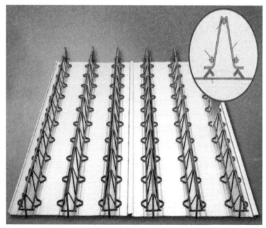

(c) 钢楼承板

(d) 钢筋桁架叠合板

图1-11 PPEFF体系配套预制装配楼板（图片来自互联网）

1.5 PPEFF体系的优点

1.5.1 高效率的预制构件生产

PPEFF体系采用的预制构件均可标准化高效生产，有效降低生产成本。主要预制构件有预制柱、预制叠合梁、预制预应力大跨圆孔板等。预制柱一般为两层或三层通高，四面不设牛腿且均为平面（图1-12）；预制叠合梁端面无钢筋伸出，侧面也为平面（图 1-13）。这些特点可大大减少预制构件模板的种类，降低加工难度和生产成本，十分有利于工业化批量生产。所采用的预制预应力大跨圆孔板（SP 板）已广泛应用于钢结构框架中，成本低廉，安全、可靠。

(a)预制柱三维模型　　　　　　　　　　　　　　　(b)预制柱实体照片

图 1-12　PPEFF 体系预制柱

(a)预制梁三维模型　　　　　　　　　　　　　　　(b)预制梁实体照片

图 1-13　PPEFF 体系预制梁

1.5.2　高效率的施工安装

PPEFF 体系的节点构造简单，可以实现类似钢结构的安装效率，现场模板和脚手架投入量大幅度降低。

预制柱一般为两层或三层通高；所采用的预制预应力大跨圆孔板跨度均较大，且可实现无次梁或少次梁结构；梁柱节点区域的梁上部普通钢筋贯穿接缝，下部无贯穿接缝普通钢筋，节点构造简单；梁顶部叠合层内的纵筋已在预制工厂固定好，进一步降低现场施工工作量。这些特点使得该体系的安装可以像传统钢结构一样高效安装，预制预应力大跨圆孔板（SP板）在常规跨度下可实现无支撑施工，大大减少现场临时支撑的用量。建造过程如图1-14所示。

(a) 吊装预制柱

(b) 吊装预制梁

(c) 张拉钢绞线

(d) 吊装空心板

图 1-14 中建 PPEFF 体系安装过程

1.5.3 良好的经济性

1. 安装阶段能效

中建 PPEFF 体系为干式预制预应力装配式框架，采用 PPEFF 体系的结构主体预制率能达到80%以上；与传统装配整体式结构对比，施工效率显著提升2倍以上。根据已有实施工程数据测算，采用 PPEFF 体系的装配式结构施工现场用工量能减少28%，脚手架用量减少49.1%，安装全过程的碳排放量减少34.9%（依据《建筑碳排放计算标准》GB/T 51366—2019测算，如图1-15所示）。

2. 建造成本

与传统的"等同现浇"的装配式框架相比较，PPEFF 体系能够较大幅度地降低建造成本，主要体现在以下几个方面：

一是采用多层预制柱，与逐层拼接的预制柱相比，减少了一半以上柱子拼接处的灌浆套筒连接材料和现场施工成本。

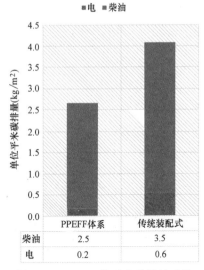

图 1-15　PPEFF 体系安装能耗对比

	柴油	电
PPEFF体系	2.5	0.2
传统装配式	3.5	0.6

二是梁底部和顶部钢筋根据受力大小采用不同直径的钢筋分段布置，而不是现浇框架梁钢筋往往采用通长等截面钢筋全跨布置，降低了梁的用钢量。

三是梁端底部钢筋的连接没有采用传统预制结构应用的在梁柱节点核心区的锚固或搭接，而是采用贯穿梁柱节点的高强预应力钢绞线，降低了接头耗钢量，采用高强钢材也提高了经济效益。与 Hybrid 体系相比，在地震作用和竖向荷载作用下，高强预应力钢绞线均参与承载，提高了预应力筋的使用效率，降低了用钢量。

四是采用多层预制柱，少次梁，少支撑的大跨度预应力叠合板，减少了现场吊次和支撑架，提高了安装效率，降低了安装成本。

根据现有实施工程测算，与传统的装配整体式混凝土框架结构相比，PPEFF 体系钢筋材料用量约可降低 3‰～5‰，混凝土用量相当，并能够实现更好的抗震性能。在构件生产阶段，PPEFF 体系模具更加标准化，成本更低。在安装阶段，PPEFF 体系现场安装速度更快，现场支撑架等非实体性投入低，综合成本优势明显。

1.5.4　良好的抗震性能和抗倒塌性能

研究表明，PPEFF 装配式框架体系的抗震性能和抗倒塌能力不仅比其他在施工现场"湿连接"的传统装配框架结构好，也比现浇结构的要好，可以应用在高烈度地震区。相关研究见第 2 章。

第 2 章 ▶▶▶

PPEFF体系理论与试验研究

2.1 梁柱节点试验研究

2.1.1 试验模型与装置

为研究 PPEFF 梁柱节点抗震性能，进行了节点试验[20]。试验节点的原型结构为位于 7 度抗震设防区的 6 层框架办公楼，其平面如图 2-1 所示。层高 3.6m，开间 7.5m，共计两跨，每跨 8.4m。现浇节点试件截面及配筋按我国现行建筑抗震设计规范进行配筋设计。干式节点试件截面及配筋参照美国 ACI550.3—13 规范，按同等条件进行设计、配筋。试验节点选取 2 层典型十字形梁柱中节点和 T 形边节点，并在梁柱反弯点部位进行截取，位置如图 2-1 所示。试验在清华大学土木工程系工程结构试验室进行，结合试验设备，缩尺比例为 0.6∶1。

中节点试件，梁长 5.05m，楼板宽 1.48m；形成带有楼板的空间十字形中节点。

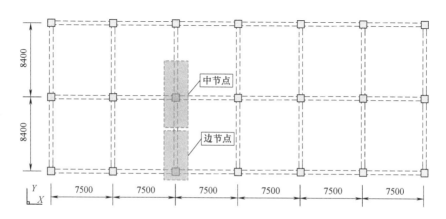

图 2-1　原型结构平面

而边节点试件，梁长 2.39m。考虑加载球铰的影响，所有框架柱高均取 1.66m，上下球铰转动中心距离为 2.16m。现浇节点和装配节点的柱截面均为 360mm×360mm、梁截面尺寸为 270mm×450mm，板厚均为 130mm。

梁板混凝土均采用 C40 混凝土，柱均采用 C50 混凝土，梁、柱、板纵筋、箍筋及构造钢筋均采用 HRB400 级钢筋。对于现浇梁柱中、边节点，梁顶部配 6Φ12 通长钢筋，梁底部配 4Φ12 通长钢筋，箍筋采用Φ6@60 四肢封闭箍筋；柱截面尺寸及配筋与装配式节点柱配筋相同。装配式节点配筋如图 2-2 所示，叠合层中的附加抗剪钢筋采用 3 根直径 14mm 的 HRB500 级高强度钢筋，预应力钢绞线采用强度级别为 1860MPa 的 7 丝预应力钢绞线。试件的几何尺寸、三维示意图及典型截面配筋如图 2-2 所示，预埋套管及钢筋削弱处理如图 2-3 所示，节点装配流程如图 2-4 所示。

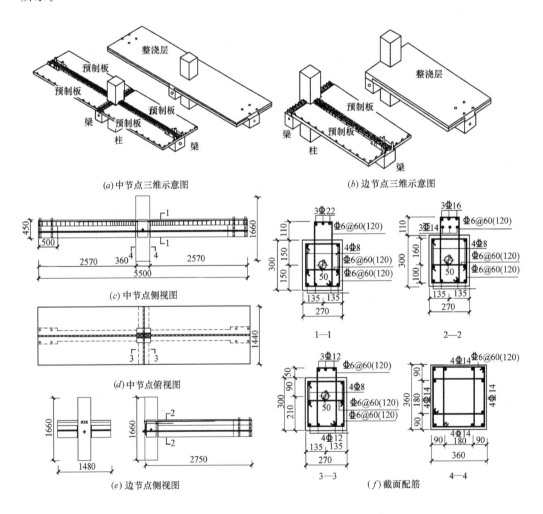

(a) 中节点三维示意图

(b) 边节点三维示意图

(c) 中节点侧视图

(d) 中节点俯视图

(e) 边节点侧视图

(f) 截面配筋

图 2-2　试件几何尺寸、三维示意图及典型截面配筋

(a) 预制梁预埋波纹管和喇叭口

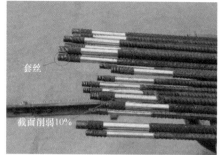

(b) 柱外无粘钢筋套丝及截面削弱

图 2-3 预埋套管及钢筋削弱处理

(a) 预制构件

(b) 灌浆拼装

(c) 张拉预应力

(d) 后穿钢筋铺设

(e) 浇筑整浇层

(f) 试件制作完成

图 2-4 装配流程

2.1.2 试验加载方案

试验加载装置如图 2-5（a）所示。通过千斤顶对柱顶施加 240t 轴力，试验轴压比为 0.57。通过节点梁端的竖向 MTS 作动器对两端梁进行位移控制反对称往复加载，加载位移角 为 1/2000 时循环 1 次；当 为 1/1000，1/800，1/550，1/400，1/300，1/200，1/100，1/67，1/50，1/40，1/20，1/25，1/20，1/18 各循环 3 次，加载制度见图 2-6。加载位移角定义为梁端竖向位移与加载点距节点中心的水平距离的比值。柱上下端为固定铰支座，模拟试验节点在水平荷载作用下柱反弯点的边界条件。对节点梁跨中部位施加往复荷载，也满足节点在水平荷载作用下，梁跨中反弯点的边界条件。

（a）加载装置

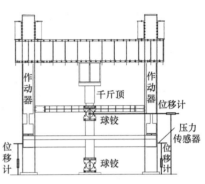

（b）加载示意及测点布置

图 2-5　加载设备及测点布置

2.1.3 测点布置及量测

位移与力测量方案布置如图 2-5（b）所示。通过使用梁端的位移计对梁端进行位移控制加载，通过柱顶球铰的横向位移计，记录柱顶球铰的水平位移，用于试验后消除由于柱顶水平位移引起的梁端竖向位移对梁整体竖向位移的影响。柱端千斤顶可以输出作用在柱上的轴力，梁端 MTS

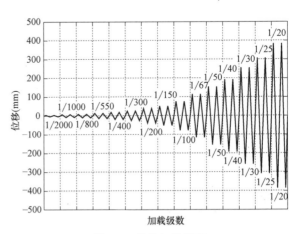

图 2-6　位移加载制度

作动器可输出梁端作用力；预应力钢绞线受力情况可通过放置在锚具内侧的穿芯压力传感器进行监测。通过布置在钢筋上的应变片对主要受力钢筋应变进行监测。预制梁下部纵筋应变片布置在靠近节点核心区距纵筋端部 50mm 位置，后穿耗能钢筋上的应变片布置在无粘结段中部；预制柱内钢筋上的应变片布置在柱纵筋中部。

2.1.4 试验现象及破坏模式

现浇中节点试件 A1 在加载位移角 $\theta=1/550$ 时梁端出现肉眼可见裂缝；随加载幅值增大，正负向裂缝贯通，楼板依次出现开裂情况，裂缝宽度不断增加。在加载位移角 $\theta=1/50$ 时节点区梁端混凝土压碎，最大裂缝宽度达到 1.5mm。当 $\theta=1/30$ 时，梁端混凝土大量剥落，纵筋压屈。当加载至 $\theta=1/20$ 时，梁端纵筋拉断，板内部梁纵筋压屈，呈现出典型现浇节点强柱弱梁的破坏模式。破坏现象如图 2-7 所示。现浇边节点试件 B1 在加载至 $\theta=1/800$ 时，梁出现裂缝；加载至 $\theta=1/550$ 时楼板开裂，最大裂缝宽度 0.3mm。加载至 $\theta=1/50$ 时，节点处楼板开裂严重，最大裂缝宽度 1.2mm。加载至 $\theta=1/30$ 时，梁底部混凝土保护层受压剥落，纵筋压屈。加载至 $\theta=1/25$ 时，梁底部纵筋拉断。其整体破坏模式与现浇中节点试件 A1 基本相同。

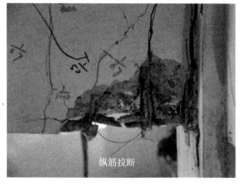 

(a) 现浇节点梁底梁纵筋拉断 (b) 现浇节点梁顶上部板筋压屈

图 2-7 现浇中节点破坏现象（1/20 位移角）

PPEFF 中节点试件 A3 在加载至 $\theta=1/800$ 时楼板出现肉眼可见裂缝。当加载至 $\theta=1/100$ 时，梁端与柱脱开。当加载至 $\theta=1/50$ 时，梁柱脱开缝宽达到 5mm；节点处梁端混凝土局部压碎剥落，节点区楼板损伤集中于节点处。加载至 $\theta=1/30$ 时，梁端混凝土严重压溃剥落；加载至 $\theta=1/20$ 时，整浇层与预制板脱开，柱混凝土少量压溃剥落。PPEFF 边节点试件 B3 在加载过程中裂缝开展情况与 A3 基本相同。当加载至 $\theta=1/30$ 时，梁端混凝土严重压溃剥落，楼板分布钢筋拉断一根；加载至 $\theta=1/20$ 时，楼板西侧分布纵筋全部拉断，节点发生侧向偏移；其主要原因是在楼板一侧分布筋发生断裂后，节点变形集中于损伤侧，导致其他分布筋也逐渐被拉断。后穿耗能钢筋由于上层楼板面外约束不足，发生面外受压屈曲。楼板受损状态及后穿耗能钢筋压屈现象如图 2-8 所示。PPEFF 节点残余变形显著低于现浇节点，与现浇节点塑性损伤主要集中于梁本身不同，新型节点损伤集中于梁柱节点交界部位及相应楼板处，修复更容易。

（a）PPEFF节点梁底张开　　　　　　（b）PPEFF节点梁顶耗能钢筋压屈

图 2-8　PPEFF 边节点 B3 破坏现象（1/20 位移向）

2.1.5　试验结果及分析

按美国混凝土协会 ACI 374.1—05[21] 规定（该标准对高烈度地震区应用的框架节点试验要求及性能指标进行了规定）：梁柱节点进行拟静力试验，其性能应满足在 0.035 位移角下，结构的承载力不应低于峰值的 0.75 倍；相对能量耗散率不小于 1/8；残余割线刚度大于初始刚度的 5%。PPEFF 节点试验结果为：加载到位移角 0.035（1/28.6）下第三圈时，中节点承载力为峰值的 0.996 倍（＞0.75），边节点承载力为峰值的 0.76 倍（＞0.75）；中节点能量耗散率为 1/4.57（＞1/8），边节点能量耗散率为 1/4.62（＞1/8）。中节点残余割线刚度为弹性刚度的 8.91%（＞5%），边节点残余割线刚度为弹性刚度的 12.1%（＞5%），均超过标准要求。

弹性状态下刚度：图 2-9 与现浇节点骨架曲线对比表明，在位移角小于 1/150 的情况下，各节点均处于弹性状态；由于预应力筋的作用，PPEFF 节点的刚度明显高于现浇节点，符合"刚接"节点假定，为弹性状态下结构的设计与分析提供了便利。

极限承载力、耗能能力与延性：按我国《建筑抗震试验规程》JGJ/T 101—2015[22] 计算的 PPEFF 中节点和边节点的延性系数分别达到 6.6 和 3.9（均为两侧及正反向平均值）。与现浇节点塑性损伤主要集中于梁身不同，PPEFF 节点在梁柱接触面部位的开合提高了节点转动能力，降低了混凝土的损伤，大位移角下损伤集中在耗能钢筋和梁端上下表面混凝土的局部压溃；始终处于弹性状态的预应力筋提供了良好的自复位能力。PPEFF 梁柱节点试件因混凝土损伤小，其节点耗能能力稍低于现浇节点（至 1/20 位移角的累计耗能，中节点约为现浇节点的 83%，边节点约为现浇节点的 90%）。PPEFF 节点试件初始预张应力控制在较低水平，随着加载位移角增大，预应力水平有所提升，但仍在弹性范围内；在 1/25 位移角下节点处梁端混凝土受压剥落，预应力不再随节点转角增大而增大，亦不显著降低，从而保证了预应力钢绞线能够一直在弹性范围内工作，确保节点足够的安全储备。各试件骨架线特征点对比见表 2-1，各试件耗能性能对比见表 2-2，各试件延性系数对比见表 2-3。

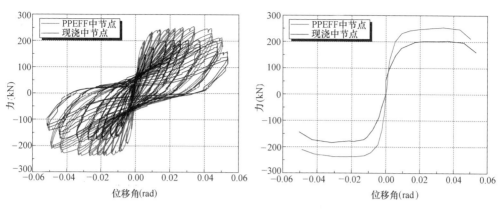

(a) PPEFF中节点与现浇中节点对比

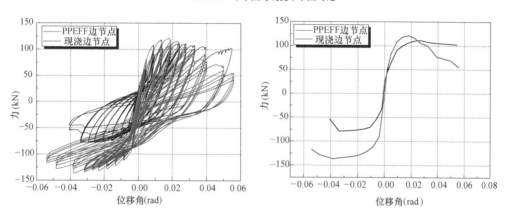

(b) PPEFF边节点与现浇边节点的对比

图 2-9　节点试验结果对比

各试件骨架线特征点对比

表 2-1

试件	位置	屈服点(能量法)		峰值点		极限点	
		P_y (kN)	θ_y	P_{max} (kN)	θ_{max}	P_u (kN)	θ_u
A1	正向	192	1/79	218.2	1/30	185.5	1/22
	负向	216	1/63	244.5	1/28	207.8	1/20
A3	正向	258	1/159	294.4	1/32	250.3	1/22
	负向	229	1/163	270.5	1/83	244.8	1/22
B1	正向	106.2	1/80	125.6	1/42	120.6	1/18
	负向	74.4	1/73	87.1	1/30	74.1	1/27
B3	正向	127.3	1/113	140.0	1/68	119.0	1/34
	负向	139.1	1/82	161.4	1/27	138.4	1/18

各试件耗能性能对比 表 2-2

试件	累积塑性耗能 $E(kN \cdot m)$	$\eta(\%)$
A1	321.38	100
A3	266.76	83
B1	179.51	100
B3	162.55	90.6

各试件延性系数对比 表 2-3

试件	延性系数		β	
	正向	负向	正向	负向
A1	3.56	3.13	1.00	1.00
A3	7.34	7.52	2.06	2.40
B1	4.38	2.68	1.00	1.00
B3	3.32	4.55	0.76	1.70

2.2 高轴压比柱脚节点试验

为验证高轴压比下新型柱脚的抗震性能进行了 5 个足尺柱脚拟静力试验。试验柱子截面尺寸为 600mm×600mm，混凝土强度等级为 C50，竖向施加了 500t 的轴向力，对应的试验轴压比约为 0.4；作动器中心距离基础顶面的距离是 2800mm，如图 2-10 所示。根据预制与现浇，是否包覆钢板，是否对柱脚纵向钢筋进行局部削弱等不同情况，进行了 5 个柱脚同条件下的对比试验。各柱脚的参数见表 2-4。其中，SJ2、SJ3 和 SJ9 外包钢板采用 Q345B 钢板，厚度为 10mm，高度为 700mm，其内部有加劲肋，以更好约束混凝土。SJ11 是全现浇柱脚，SJ8 是传统的套筒灌浆连接装配柱脚。

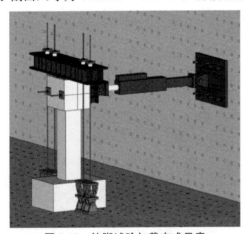

图 2-10 柱脚试验加载方式示意

柱脚试验各试件参数 表 2-4

试件	柱纵向钢筋	箍筋或外包钢板	预制或现浇
SJ2	12Φ22	传统有粘结、不削弱	外包 10mm 厚钢板	预制装配
SJ3	12Φ22	设置 200mm 无粘结段	外包 10mm 厚钢板	预制装配

试件	柱纵向钢筋		箍筋或外包钢板	预制或现浇
SJ8	12Φ22	传统有粘结、不削弱	传统箍筋Φ12@100	预制装配
SJ9	12Φ22	设置400mm无粘结段,并将钢筋直径局部削弱2mm	外包10mm厚钢板	预制装配
SJ11	12Φ22	传统有粘结、不削弱	传统箍筋Φ12@100	现浇

试验结果显示,高轴压比下外包钢板显著地提高了柱的延性,略微提升了承载力,SJ8的延性与峰值承载力分别是SJ2的1.53倍和1.07倍;柱纵筋仅设置无粘段(SJ2与SJ3对比),将略微降低柱脚的延性(约降低5%),对其屈服承载力、峰值承载力和极限承载力影响非常小。

局部削弱纵筋(SJ9与SJ3对比),对柱脚的延性和承载力影响很小,但是极大地降低了柱脚的残余变形,其在1/20加载位移角下的残余变形仅为0.0031,约为SJ3的11.1%。削弱段钢筋直径变小,使柱脚钢筋的塑性变形集中于塑性段,周围混凝土或钢板对削弱段钢筋的约束作用,使其受压时塑性变形充分发展,大大降低了钢筋的残余变形。采用全灌浆套筒连接的装配式柱脚SJ8比现浇的SJ11延性和承载力更高的原因是,全灌浆套筒本身直径和长度较大,提高了对柱脚核心混凝土的约束作用和承载力。从各柱脚的损伤对比看,PPEFF体系的新型柱脚构造损伤很小,最容易修复,特别适合在高烈度地震区应用(图2-11)。1/15、1/20位移角下损伤情况如图2-12、图2-13所示,柱脚拟静力试验曲线如图2-14所示,柱脚试验结果见表2-5。

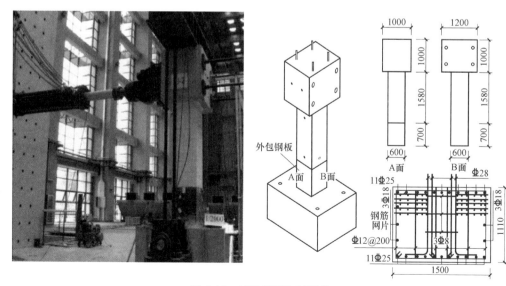

图2-11 试验装置与试验体

(a) SJ9 在 1/15 位移角下的损伤状态　　(b)SJ9 撤除外力后的损伤状态　　(c)SJ9 在 1/15 位移角下的损伤状态，柱脚抬起

图 2-12　1/15 位移角下损伤情况

(a)SJ11 在 1/20 位移角下损伤状态　　　　(b)SJ8 在 1/20 位移角下损伤状态

图 2-13　1/20 位移角下损伤情况

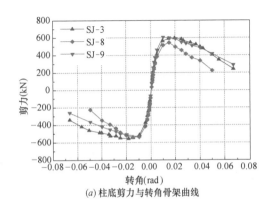
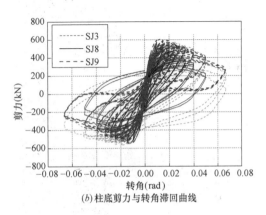

(a) 柱底剪力与转角骨架曲线　　　　　　(b) 柱底剪力与转角滞回曲线

图 2-14　柱脚拟静力试验曲线（一）

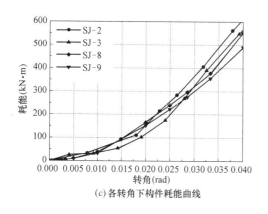

(c) 各转角下构件耗能曲线

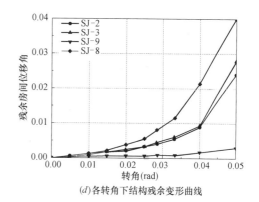

(d) 各转角下结构残余变形曲线

图 2-14　柱脚拟静力试验曲线（二）

柱脚试验结果   表 2-5

| 试件 | 屈服点 | | | 峰值承载力 | | | 极限强度（峰值的85%） | | | 延性系数 |
	P_y (kN)	Δ_y (mm)	θ_y	P_{max} (kN)	Δ_{max} (mm)	θ_{max}	P_u (kN)	Δ_u (mm)	θ_u	μ
SJ2	482.7	21.27	1/132	579.5	41.21	1/68	492.6	117.3	1/24	5.52
SJ3	488.6	22.74	1/123	575.0	52.89	1/53	488.7	119.0	1/24	5.23
SJ8	453.6	19.88	1/141	540.8	41.78	1/67	459.7	71.8	1/39	3.61
SJ9	475.6	17.95	1/156	571.3	27.92	1/100	485.6	90.9	1/31	5.06
SJ11	439.3	19.75	1/142	527.0	34.92	1/80	448.0	60.0	1/47	3.04

2.3　足尺框架试验研究

2.3.1　试验概况

　　为全面验证 PPEFF 系统的角节点和顶层节点抗震性能及各节点在结构中的表现，进一步进行了二层三跨足尺框架的拟静力试验[23]。试件取自某二层建筑设计原型（图 2-15），一层层高 4.2m，顶层层高 3.5m，跨度分别为 7.5m 和 8.5m；楼板采用单向预应力空心板，平行于所研究长方向框架布置，顶部浇筑 50mm 后浇混凝土。梁、柱截面尺寸分别为 600mm×600mm 和 450mm×600mm。原建筑按我国规范 8 度 0.3g 抗震设防进行设计，多遇地震下结构保持弹性，且层间最大位移角（按梁柱刚度未折减计算）小于 0.0018（1/550）。

　　截取原型建筑中长方向框架中的三连跨作为足尺试验研究对象，结构尺寸、构造、材料、梁柱截面和配筋均与原型一致。PPEFF 系统采用单向预应力大跨板，因单向预应力空心楼板与框架方向平行，两者共同作用较弱，因此仅考虑梁单独工作，不考虑梁宽范围外的楼板及钢筋作用（图 2-16）。

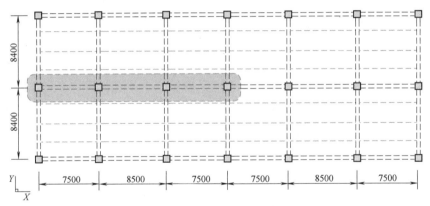

图 2-15 足尺框架试验原型结构平面图

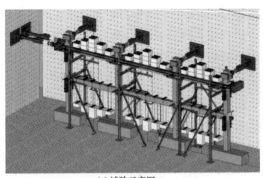

(a) 试验示意图

(b) 试验现场

图 2-16 两层三跨足尺框架试验模型

2.3.2 构件设计

试验模型由预制柱、预制叠合梁以及梁顶现浇层和基础组成，如图 2-17（a）所示。每个柱基础通过直径 120mm 的高强预应力钢棒锚固在试验室底板上，并施加 1000kN 的预应力。基础、柱和梁的混凝土强度分别为 C40、C60 和 C40，预制柱纵筋及箍筋均为 HRB400 钢筋，基础插筋为 12Φ28 局部削弱处理（图 2-17b），箍筋为Φ12@200。预制柱和预制梁在预制构件厂制作完成后运输到试验室进行组装。预制梁截面尺寸为 450mm×460mm，顶部现浇层厚度为 140mm。柱构件竖向纵筋为 12Φ28，加密箍筋为Φ8@100，非加密区箍筋为Φ8@200（图 2-17c）。梁构件截面上部配筋为 4Φ22（节点处削弱 20%，并用塑料薄膜包裹），下部

配筋为 4Φ20，箍筋为Φ8@100。梁柱节点及柱脚节点无粘段的处理方式为：无粘段处涂上防锈润滑油并用塑料布包裹（图 2-17d）。梁柱节点耗能钢筋通过钢筋续接器与柱内预埋钢筋螺纹等强连接，达到国标 I 级接头性能要求。柱脚节点中，基础纵筋伸出基础表面与预制柱内预埋钢筋通过套筒灌浆连接。预应力钢绞线采用 7 束 7 股 Φ^s15.2mm 钢绞线，极限强度标准值为 1860MPa。张拉预应力约为 0.58 倍极限强度标准值。

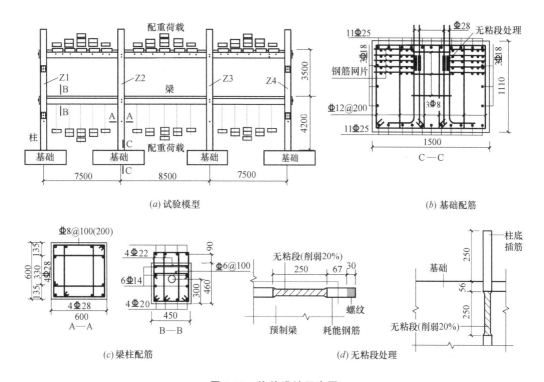

(a) 试验模型

(b) 基础配筋

(c) 梁柱配筋

(d) 无粘段处理

图 2-17　构件设计示意图

2.3.3　施工建造过程

试验模型安装的顺序为：吊装预制柱→吊装首层预制叠合梁→吊装顶层预制叠合梁→梁柱节点灌缝→预应力张拉→现浇叠合层→吊装首层、顶层梁配重块。施工过程如图 2-18 所示。

为了研究施工过程对结构性能的影响，在施工阶段布设了相应的传感器，监测了预应力张拉及配重块吊装后结构位移和钢筋应变的变化。

(a) 柱安装

(b) 梁安装

图 2-18　足尺试验施工过程（一）

(c) 顶层现浇层模板　　　　　　　　　(d) 预应力张拉

图 2-18　足尺试验施工过程（二）

施工完成后各梁柱节点位移见表 2-6（试验模型柱自西向东依次编号为 Z1、Z2、Z3、Z4，负号为自西向东位移、正号为自东向西位移）。可以看出，梁柱节点最大位移为 1.5mm，在预应力作用下梁最大压缩量为 1.17mm。

梁柱节点位移　　　　　　　　　　　　　　　表 2-6

柱编号	楼层	位移（mm）
Z1	首层	−1.48
	顶层	−1.73
Z2	首层	−0.31
	顶层	−0.66
Z3	首层	0.45
	顶层	1.06
Z4	首层	1.43
	顶层	1.47

施工完成后，边柱基础插筋无粘段最大应变为 $368\mu\varepsilon$，边柱基础插筋无粘段最大应变为 $143\mu\varepsilon$，应力分别达到：74MPa、29MPa。耗能钢筋最大压应变为 $158\mu\varepsilon$，应力为 32MPa。梁跨中梁顶纵筋最大受压应变达到 $237\mu\varepsilon$，应力达到 47.4MPa。梁跨中梁底纵筋最小受压应变为 $50\mu\varepsilon$，应力为 10MPa。表明梁底在配重作用下仍然受压不会开裂。首层预应力筋初始应力为 1005.8MPa，顶层预应筋预应力为 1011.6MPa，均处于弹性状态。

从钢筋应变测量结果来看，施工完成后结构各构件均处于弹性状态。正式进行低周往复试验加载前，以上各传感器进行清零处理。

2.3.4　试验加载方案

1. 试件加载

（1）试件竖向加载

试件梁上三角形荷载通过配重块施加，取楼面均布荷载按板竖向弹性刚度计算分配值。试验中每跨施加悬挂荷载为 7.29t；试件柱顶未施加额外竖向荷载。

（2）试件水平加载

实际地震作用按照质量分布作用在结构上，对于本文大型拟静力足尺试验，实现实际地震作用加载十分困难。本试验采用两个 100t 的并联作动器在结构顶层端部梁形心位置单点加载（首层也装设有加载架及作动器，用于调试验证复杂加载条件下新开发的控制加载软件，但本试验进行时未加载）。每个作动器最大加载能力为 100t，最大加载行程为 1000mm。试验时采用位移控制加载。为了限制侧向加载过程中框架的出平面位移，一般要在试件框架两侧设置庞大的刚性约束支架。为节约成本，本试验在预制柱的柱顶（顶层梁柱节点向上延伸 1000mm）位置设置 4 个侧向作动器（初始长度约 3500mm），动态保证结构在加载全过程中不产生过大平面外位移。4 个侧向被动加载作动器与两个端部并联主动加载作动器由计算机联动控制，特殊的控制算法被设计。试验过程中，4 个侧向作动器实测力很小，其沿框架方向的微小侧向分力也同步累加到侧向加载控制算法中，保证了试验加载的准确性。试验加载装置如图 2-19 所示。

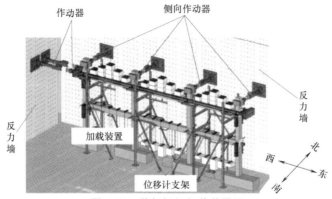

图 2-19 单榀框架加载装置图

在加载过程中，梁柱节点接缝的开合会导致结构伸长，为了防止加载装置对结构变形的限制，加载架与预制柱之间留有足够的间隙（图 2-20）。

在预制柱的南北两侧预装了钢牛腿（图 2-20），加载梁放置在钢牛腿上，加载梁与钢牛腿之间放置光滑垫板（聚四氟乙烯板），最大限度地减小加载装置与结构之间的摩擦力，通过东西两侧的两个加载架将两个加载梁连为一个整体。试验过程中，作动器与西侧的加载架连接固定，作动器伸长或缩短时，拉动加载工装来回往复运动，加载工装带动单榀框架来回往复运动。加载过程加载梁的移动如图 2-21 所示。

2. 试验加载制度

在框架顶层顶点进行水平往复位移加载，加载制度与节点试验相仿（仿真分析表明，对于两层框架，顶层单点位移加载与一、二层同步倒三角形比例位移加载差别不大，首层作动器的峰值加载力常常接近零，因此顶层单点加载常被采用[24]）。

加载位移角定义为顶层四个梁柱节点绝对水平位移平均值与顶层梁形心距离基础顶面竖向距离的比值。各阶段目标加载位移角为 0.0005，0.001，0.00125，0.0018，0.0025，0.0033，0.005，0.0067，0.01，0.015，0.02，0.025，0.033 和 0.04。每级加载各进行两次

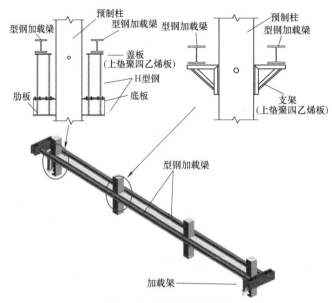

图 2-20 钢框架加载梁

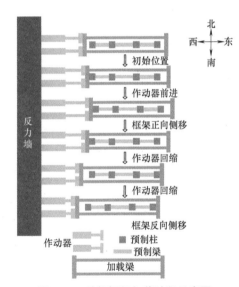

图 2-21 单榀框架加载过程示意图

完整循环。

2.3.5 试验测量

测量绝对位移的传感器一端布设在独立于试件的刚性支架或试验室地板上，一端布设在试件上（图 2-22）；数据采集系统由传感器、数据采集仪和计算机组成，试验时可以连续测量和自动记录。主要测量传感器布置如下：

（1）每个梁柱节点分别在南北两侧各设置一个水平位移计，用于测量梁柱节点东西向绝对位移量；每个基础各设置两个水平位移计，用于测量基础相对于试验室底板的滑移量，将顶层梁柱节点绝对位移测量减去基础滑移位移量所得结果的平均值，作为结构加载控制位移。每根梁跨中各设置一个竖向位移计（图 2-22）。

（2）在首层东侧边节点处设置 8 个位移计（图 2-23）。位移角沿高度设置在四个位置（梁顶、梁底、梁侧上、梁侧下），每个位置设置两个（南北侧各设置一个），用于测量梁柱节点的相对转角。

（3）通过光栅传感器和压力传感器测量预应力钢绞线的应变和应力。首层、顶层的钢绞线束中的中部钢丝上，分别布设 4 个光栅传感器，位置见图 2-24 中绿点。监测点编号：首层从左至右依次为 1-1，1-2，1-3，1-4；顶层左至右依次为 2-1，2-2，

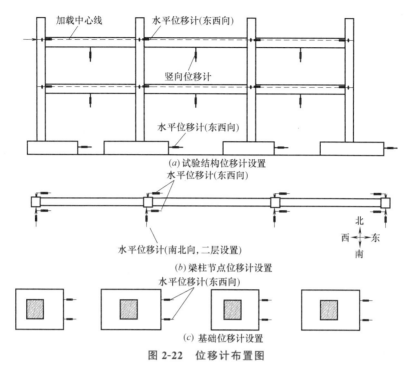

(a) 试验结构位移计设置

(b) 梁柱节点位移计设置

(c) 基础位移计设置

图 2-22 位移计布置图

2-3，2-4。在试件东侧边柱节点外侧设置压力传感器，测量预应力筋拉力，与光栅传感器数据相互校核（图 2-24）。

（4）锚固基础中的柱脚纵筋无粘削弱段中部、梁耗能钢筋无粘削弱段中部、梁柱节点核心区柱纵筋及箍筋、梁跨中截面底部纵筋等位置均设置了应变片。

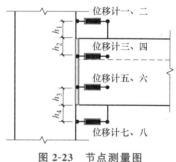

图 2-23 节点测量图

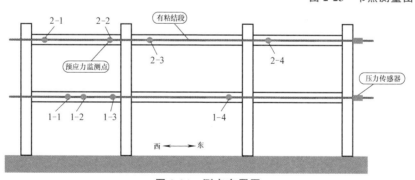

图 2-24 测点布置图

2.3.6 试验现象及损伤模式

（1）首层柱脚节点：因柱的轴压比很小，柱脚处混凝土产生可闭合的拉裂纹出现较早，加载至 0.0018（1/550）位移角时，柱脚与基础连接处封闭浆料表面出现肉眼可视裂纹，柱身距基础顶面 500～600mm 的高度范围内出现多条肉眼可见水平裂缝。此后，随着加载位移增大，各柱柱身斜裂缝逐渐增多。加载至 0.01 位移角时，柱脚埋入基础部分无粘削弱段耗能钢筋屈服，首层预制柱沿柱身高度出现多条裂缝，柱脚与基础连接处封闭浆料出现明显裂纹。加载至 0.02 位移角时，柱脚与基础连接处封闭浆料出现剥落，可测量柱脚一侧抬起高度为 10.1mm（此时首层层间位移角为 0.02，图 2-25）。最后，加载至 0.04 位移角时，边柱柱脚与基础之间抬起宽度约为 29.2mm，中柱柱脚最大抬起高度约为 26.7mm（图 2-26），柱底边缘少量混凝土剥落，柱身裂纹均为可闭合微裂纹，柱身混凝土保护层未见明显压溃现象（图 2-27）。

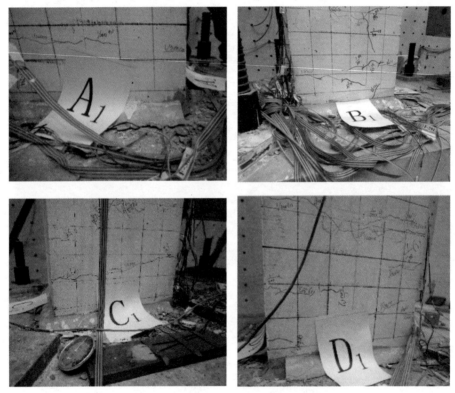

图 2-25 位移角 0.02 时柱脚破坏情况

（2）梁柱节点：加载到 0.005 位移角时，顶层梁柱接缝处，梁下端与柱身出现明显肉眼可见张开。加载到 0.01 位移角时，顶层梁上耗能钢筋开始屈服，梁柱接缝处，梁下端与柱身张开进一步加大；加载到 0.015 位移角时，顶层中柱节点核心区箍筋屈服，出现肉眼可见的水平及斜向裂缝。加载到 0.02 位移角时（图 2-28），首层梁柱节点接缝处上部张开最大宽度为 5.4mm，下部张开最大宽度为 12.5mm；梁端保护层混凝土出现细小可闭合裂纹，未出现压溃现象（此时首层层间位移角为 0.021）；顶层中柱节点处裂纹最大宽度 3.1mm。0.04 位移角时（图 2-29），首层梁端损伤较为严重，个别梁端顶部混凝土保护层剥落严重，露出耗能钢筋，梁底张开最大达到 23.8mm（图 2-30）。从混凝土保护层损伤范围来看，预制梁顶部破坏程度明显大于

(a) 边柱   (b) 中柱

图 2-26 位移角 0.04 时柱脚抬起高度

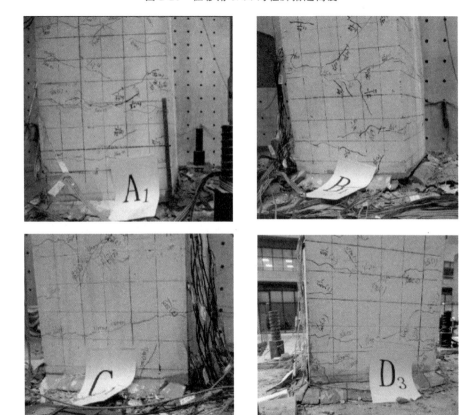

图 2-27 位移角 0.04 时柱脚破坏形态

梁底，梁底混凝土破坏范围小于 200mm，梁顶混凝土破坏范围小于 300mm。首层梁柱节点核心区无肉眼可见裂缝，处于弹性状态。顶层中柱节点核心区裂缝进一步开展，呈现典型节点核心区剪切损伤现象，最大斜裂缝宽度达到 17.8mm（图 2-31）。

（3）与首层梁柱节点和顶层边柱节点可以设计成强柱弱梁不同，框架体系顶层中柱节点一般不满足强柱弱梁的条件，这不是 PPEFF 体系特有现象，顶层中柱节点区出现塑性铰对结构的抗倒塌能力也没有不利影响。图 2-32 给出了结构加载完成后的

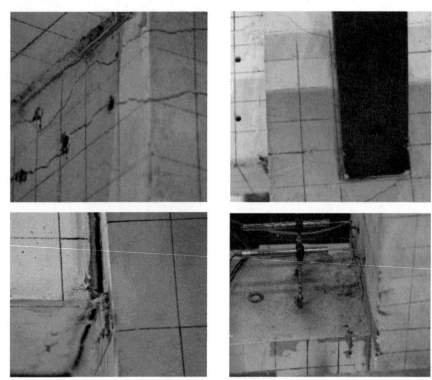

图 2-28　0.02 位移角时梁柱节点损伤情况

裂缝分布图。其中，柱身混凝土裂纹基本为可闭合微裂纹，顶层中部梁柱节点核心区混凝土产生了剪切破坏，梁端混凝土产生了局部压溃。

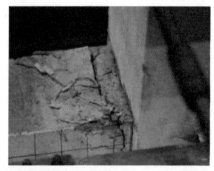

图 2-29　0.04 位移角下预制梁顶部破坏情况

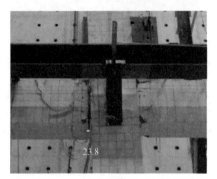

图 2-30　0.04 位移角下首层梁柱节点破坏情况

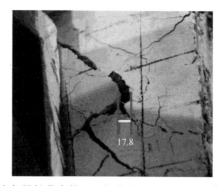

图2-31 0.04位移角下顶层中部梁柱节点核心区损伤状态

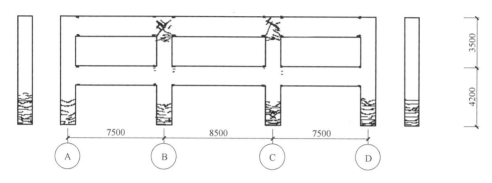

图2-32 0.04位移角下试验结构损伤裂缝示意图

2.3.7 试验结果分析

主要试验结果如下：试验框架在1/100位移角下梁端耗能钢筋和柱脚进入塑性，在接近1/50位移角下，结构残余变形仅为1/200，结构在1/25位移角下达到极限承载力，展现良好的承载力和框架梁铰屈服机制。试验过程中预应力筋的最大应力约$0.75f_{ptk}$（初始预张力为$0.58f_{ptk}$）处于弹性阶段，节点耗能钢筋亦未断裂，尚有相当的承载能力储备，验证了新体系兼具高效施工和优良的抗震性能。

1. 试验加载曲线分析

（1）滞回曲线、骨架曲线及残余变形

试验结构的力-位移角滞回曲线如图2-33所示，力-位移角骨架曲线如图2-34所示。在0.0018位移角之前（图2-34的A点）钢筋未屈服，梁与柱连接接触面全部处于被预应力压紧状态，结构基本处于线弹性状态；加载至0.01位移角时，钢筋接近屈服，结构整体残余位移角仅为0.001，耗能很少，梁与柱连接接触面局部张开，基本处于非线性弹性阶段，结构在加载位移角超过0.01后，柱脚耗能钢筋和梁端耗能钢筋屈服，结构残余变形随加载位移角的增大而增长较快，耗能能力进一步增强。结构在0.033~0.04位移角区间基本达到了峰值承载力，力-位移角骨架曲线进入平台段，预应力筋虽未进入屈服状态，但其应力也不再随着结构位移角的增大而增长。

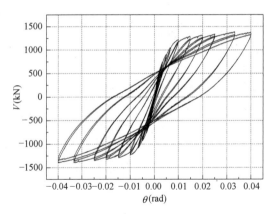

图 2-33　单榀框架试验力-位移角滞回曲线

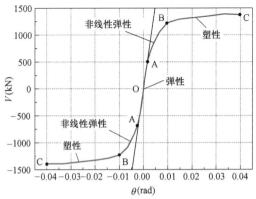

图 2-34　单榀框架试验骨架曲线

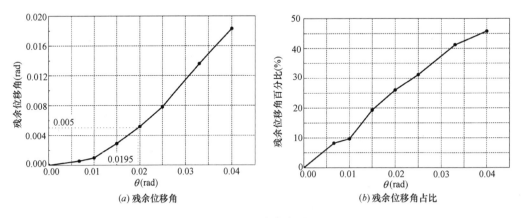

图 2-35　残余变形

　　结构残余变形与加载位移角之间的关系见图 2-35（a）。结构位移角达到 0.0195（最大层间位移角 0.021）时残余位移角仅为 0.005，表明了结构良好的自复位能力及低损伤特性。从图 2-35（b）可以看出，加载位移角小于 1/100 时，结构残余变形占总加载位移的比重小于 10%。此后结构残余变形迅速增大，占结构总加载位移的比重逐步增大，0.04 位移角时，残余变形占结构总位移的比重达到 45.5%。

（2）承载力和强度退化分析

由等面积法来确定试验的屈服荷载及位移，结构屈服点、峰值点分别为：1229.8kN、1393.1kN，屈服点位移角为0.01。可见结构在0.01位移角时屈服，正向加载承载力峰值点在加载至0.033位移角时出现，负向加载承载力峰值点在加载至0.04位移角时出现。试件在0.04位移角下尚未达到极限承载力状态，预应力筋也未屈服，有较好的延性和抗侧承载安全冗余度。考虑到还要进行第二阶段罕遇地震后梁端抵抗楼面重力荷载的抗剪安全冗余度试验，未进一步加载。

强度退化率 α_i 定义为加载第二圈正负极限强度与第一圈正负极限强度平均值的比值。整体结构滞回曲线第二圈强度退化率和位移角之间的关系如图2-36所示。加载到0.04位移角时，结构最低强度退化率仅为0.96，展现出良好的承载能力和延性。

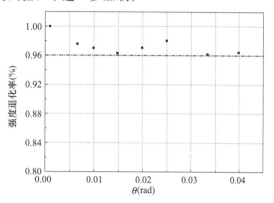

图2-36　结构强度退化与位移角之间的关系

（3）刚度退化分析

选取每个加载级的第一圈循环滞回曲线进行刚度计算，试件的刚度用单向割线刚度 K 来表示。刚度退化曲线如图2-37所示。结构初始弹性刚度为40.4kN/mm，加载到0.04位移角时，刚度为4.5kN/mm约为初始刚度的1/9。从图2-37中可以看出，加载位移角小于0.00178时结构刚度变化较小约为40kN/mm，表明结构此前处于弹性状态，与前文结论一致。

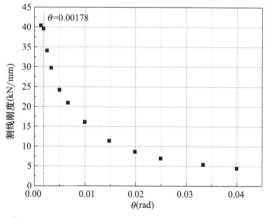

图2-37　结构刚度退化曲线

（4）耗能分析

结构耗能-位移角曲线如图2-38所示。加载至0.00177位移角时，结构所有构件基本均处于弹性状态，基本不耗能。加载到0.01位移角前耗能增长缓慢，结构损伤很小；在0.01~0.025加载区间，主要是梁端耗能钢筋、柱脚耗能钢筋和顶层中柱纵

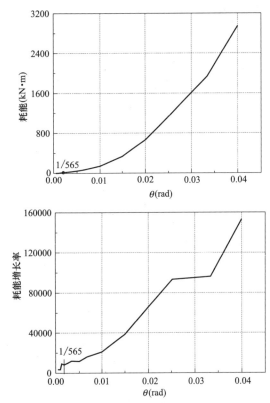

图 2-38　试验结构耗能-位移角曲线

筋屈服及相应位置混凝土损伤耗能；在 0.025～0.033 加载区间位移角，没有新的钢筋进入屈服，耗能增长较慢；加载超出 0.033 位移角后，顶层中柱节点的剪切变形加大，节点核心区的箍筋屈服，混凝土损伤加大，耗能增长率加大。

2. 预应力钢绞线受力分析

试验中设置压力传感器监测预应力钢绞线应力，结果如表 2-7 和图 2-39 所示。因首层梁柱接触面开合大于顶层梁柱节点，首层预应力筋拉力最大值为 1319kN（约 $0.7f_{ptk}$），顶层预应力筋拉力最大值为 1226kN。

加载前首层预应力筋初始应力为 1005.8MPa，顶层预应筋预应力为 1011.6MPa；加载结束后首层预应力筋残余预应力为 997.5MPa，顶层预应力筋残余预应力为 957.0MPa，预应力筋残余预应力分别达到初始有效预应力的 99.1%，94.6%，可见结构因为梁端混凝土破坏而导致结构压缩进而导致的预应力筋预应力损失较小。

钢绞线预应力分析　　　　　　　　　　　　　　　　表 2-7

楼层	正方向加载最大应力 （MPa）	负方向加载最大应力 （MPa）	初始应力 （MPa）	残余应力 （MPa）
首层	1319.51	1234.11	1005.78	997.5
顶层	1226.72	1139.49	1011.62	961.9

图 2-39　压力传感器测量结果

(a)首层　　　　　　　　　　　　　(b)顶层

3. 梁伸长量分析

各层梁伸长量实测结果如图 2-40 所示，首层梁最大伸长量达到 45.8mm，远大于顶层梁最大伸长量 11.9mm。梁的伸长量反映了梁端耗能钢筋的塑性发展程度，PPEFF 体系按强柱弱梁原则设计，一般情况下塑性铰产生于梁柱接缝处，梁柱接触面张开较大（最大张开宽度达 23.8mm），梁伸长量较大；而顶层梁柱均产生塑性铰，梁柱接触面张开较小，梁伸长量较小。

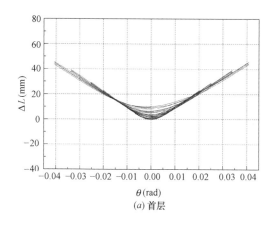
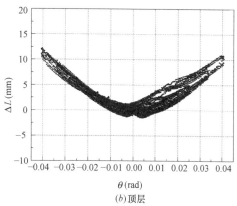

图 2-40 梁伸长量实测结

4. 柱脚耗能钢筋破坏分析

基础锚固纵筋直径为 28mm，无粘段削弱后直径为 25.04mm。试验完成后，将结构最西侧柱基础进行了切割破碎，取出框架平面内主受力方向八根基础锚固钢筋，如图 2-41 所示。所有基础锚固钢筋均未断裂，仅无粘段出现轻微屈曲变形且未发生明显颈缩（钢筋 1、钢筋 5 较大弯曲变形为在破碎混凝土取样过程中产生）。表 2-8 给出了试验加载完成后，基础锚固筋直径测量值（每根钢筋取三个截面测量，分别位于耗能段上下端及中部，每个部位测量两次，两次测量方向垂直），从表 2-8 可以看出基础锚固筋平均直径为 24.91mm，仅比钢筋初始直径理论值（25.04mm）小 0.5%，换算成削弱无粘段耗能钢筋残余伸长率仅 1.05%。

图 2-41 基础锚固钢筋

柱脚耗能钢筋受力后参数 表 2-8

钢筋编号	直径（mm）				备注
	上部	中部	下部	平均	
1	24.00	24.52	24.82	24.35	无粘结段在拆除过程中弯曲
	24.00	24.22	24.52		

钢筋编号	直径（mm）				备注
	上部	中部	下部	平均	
2	24.6	25.00	24.56	24.8	
	24.68	24.86	25.1		
3	24.80	24.94	24.94	24.98	
	24.80	25.3	25.10		
4	24.62	24.94	25.10	25.01	
	24.62	25.30	25.50		
5	24.62	24.82	25.20	25.02	无粘结段在拆除过程中弯曲
	24.70	25.20	25.60		
6	24.42	25.40	25.70	25.09	
	24.52	25.10	25.40		
7	24.62	25.2	25.6	25.04	
	24.52	25.0	25.3		
8	24.32	24.7	25.4	24.91	
	24.52	24.8	25.7		

5. 框架塑性发展模式分析

结合以上分析及钢筋应变测量结果，柱脚钢筋无粘段在结构总体位移角达到约 0.01 时屈服。梁端耗能钢筋无粘段在结构总体位移角达到约 0.01 时屈服。柱 Z2 顶层梁底位置纵筋在位移角约为 0.012 时屈服。柱 Z3 顶层梁底位置纵筋在位移角约为 0.02 时屈服。在 0.01 位移角和 0.04 位移角下试验框架的塑性铰分布如图 2-42 所示。可见试件完美的实现了预设的梁铰耗能为主的框架整体塑性屈服耗能机制。

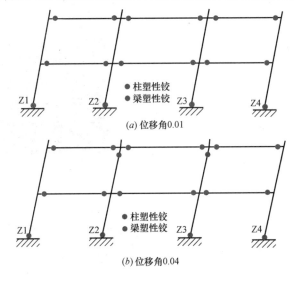

图 2-42 结构塑性铰分布图

2.3.8 抗连续倒塌试验

在完成足尺框架试验1/25位移角下的拟静力试验后，将试验框架拉回平衡位置，继续进行了预应力筋锚固意外失效后的梁端抗剪承载力试验（图2-43a）。人工剔凿掉一层柱侧预应力钢绞线的锚具周围混凝土，使钢绞线预应力释放掉，以模拟意外情况下锚具失效情况（图2-43b）。将四个大吨位作动器通过分配梁置于第一层第一跨梁顶，通过力或位移控制同步施加向下的荷载，以检验框架经历罕遇地震损伤后，且预应力筋锚具意外失效的情况下，梁承担竖向荷载的能力（图2-43a和图2-43c）。第一加载阶段加载至梁端承担的正常使用阶段楼面重力荷载的两倍，至166.3kN。采用梁两端力同步加载方式，预应力锚固失效的边节点梁端竖向滑移接近5.4mm，显著大于中节点的竖向滑移量0.6mm；第二加载阶段，边节点梁端竖向位移维持不变，中节点梁端位移单调增加，加载至5.4mm时，中节点开始显著滑移，对应荷载为1449.6kN，梁两端竖向位移逐步一致；第三阶段采用两端采用位移同步加载，有预应力加紧作用的中节点的抗剪极限承载力达到1709.8kN，是边节点的2.54倍；第四阶段采用两端位移同步卸载至作动器力为零，中节点和边节点的残余变形比较接

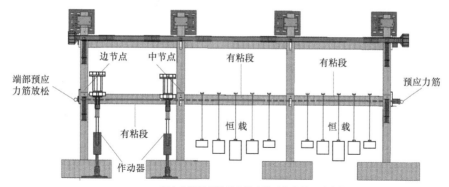

(a) 预应力筋局部锚固意外失效后节点剪切试验布置

(b) 加载前人工剔凿预应力筋锚头周围混凝土释放预应力

(c) 试验加载现场

图2-43 预应力筋局部锚固意外失效后节点剪切试验（一）

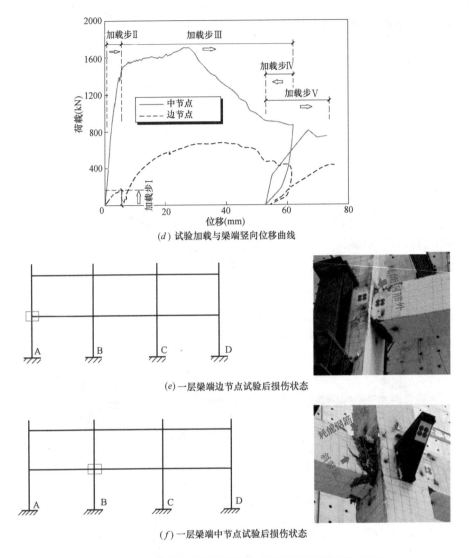

(d) 试验加载与梁端竖向位移曲线

(e) 一层梁端边节点试验后损伤状态

(f) 一层梁端中节点试验后损伤状态

图 2-43 预应力筋局部锚固意外失效后节点剪切试验（二）

近，分别为 53mm 和 54.3mm，表明此时梁端抗剪主要依靠耗能钢筋和预应力钢筋的抗剪承载力提供；第五阶段再重新位移同步加载，试验结束时的梁端竖向位移达到了 74.1mm，对应边节点和中节点的力分别为 435.4kN，747.3kN，两节点仍有足够的承载力和刚度，为安全考虑停止了试验。

试验结果表明，因梁跨中的有粘结预应力段发挥了作用，一侧梁端的预应力失效不会对另一侧梁柱节点的预应力有不利影响。仍保持预应力的中部梁柱节点，其抗剪破坏模式是梁端本身的斜剪破坏，斜剪破坏发生前梁柱接触面滑移很小。即使失去预应力夹紧摩擦抗剪的边部梁端节点，由于梁上端耗能钢筋的悬链抗拉作用和预应力筋直接抗剪作用，梁端的抗剪承载力仍可以达到 673kN，大于按 ACI 550.3-13 中 7.4.1 条（仅考虑耗能钢筋的直接抗剪承载力）计算的抗剪承载力 517kN。即使加载至梁柱接触面相对滑移达到 70mm 以上，梁端仍保持相当的承载能力，而未发生脆性突然破坏（图 2-43d，图 2-43e，图 2-43f）。特别要说明的是试验体梁端并未设置节点附加抗剪钢筋。因此，通常情况下，不必像其他装配式梁柱节点，在预制柱上设置永久的预制牛腿是 PPEFF 节点的另一个优点。

2.4 仿真分析研究

2.4.1 基于 OpenSees 的多弹簧模型

适用于 Hybrid Frame 节点的主要仿真计算方法有带有平行旋转弹簧的集中塑性铰模型、多弹簧模型、纤维积分模型和直接细分实体有限元模型等方法[25]。多弹簧模型具有较好的计算精度，且能反映梁的轴向变形，且该模型经 PRESSS 五层结构试验验证能够很好的模拟结构变形，层间位移角，层剪力和层弯矩[26]。新西兰坎特伯雷大学的 Ruaumoko 仿真分析软件采用 10 弹簧模型，能够取得良好仿真分析结果，与试验结果吻合度很高[27]。在以上研究的基础上，研究团队结合 PPEFF 梁柱节点构造，考虑叠合楼板和抗剪钢筋的共同作用，基于 OpenSees 平台，建立了分析模型（图 2-44a）：用桁架（弹簧）单元模拟梁耗能钢筋，梁抗剪钢筋，板钢筋，预应力钢筋；用接触单元模拟混凝土接触面开合行为；用刚臂连接节点和各单元。钢筋及混凝土的屈服和退化在材料本构关系中考虑，假定节点不发生剪切滑移。仿真分析结果与上述节点试验和足尺框架试验结果的对比如图 2-44（b）、图 2-44（c）所示。可见所建立的仿真模型能够较好的模拟 PPEFF 节点低周往复荷载作用下的行为。

用本文开发的分析模型模拟美国 NIST 研究计划的 Hybrid Frame 节点试验结果（Cheok，1994，O-P-Z4 节点）如图 2-44（d）所示，可见两者吻合度亦很好。进一步验证 PPEFF 节点与 Hybrid Frame 节点有着类似的工作和损伤机理，也进一步验证了本文分析模型的正确性和通用性。该模型的进一步研究参见文献 [28]。

2.4.2 基于 OpenSees 的纤维铰模型

上述多弹簧模型单元较多，模型构造复杂，需采用多种不同类型的单元模拟节点梁柱结合面细部构造及无粘预应力筋，限制了其在实际复杂结构中的应用。目前采用多弹簧模型进行结构分析的算例局限于 6 层以下规则结构。

针对上述问题，提出了一种构造简单，建模方便且实用性好的纤维铰模型。该模型采用纤维铰单元模拟节点预制梁柱接缝，将穿过预制梁柱结合面的普通钢筋及无粘结预应力筋嵌入到纤维铰单元中。与传统多弹簧分析模型类似，该模型计算精度高，能精确模拟后张无粘装配式梁柱节点的各种非线性行为，包括：预制梁柱接触面的开裂/闭合、梁伸长、接触面中和轴的移动等。本模型将各种构造集合到一个单元中，大幅度减少模型单元数量，简化建模工作量（图 2-45）。

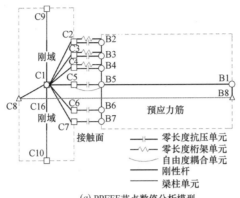

(a) PPEFF节点数值分析模型

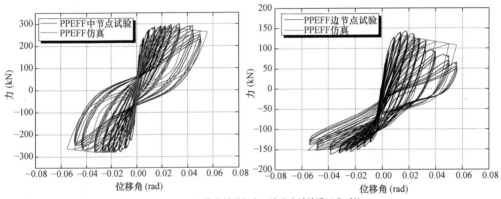

(b) 仿真结果与中、边节点试验滞回曲线对比

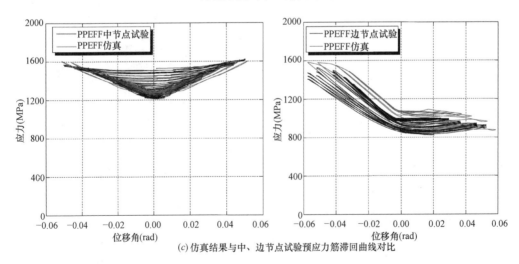

(c) 仿真结果与中、边节点试验预应力筋滞回曲线对比

图 2-44　PPEFF 节点数值分析模型与试验验证（一）

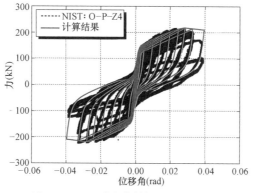

(*d*) Hybrid Frame 节点试验结果与本文仿真结果对比

图 2-44 PPEFF 节点数值分析模型与试验验证（二）

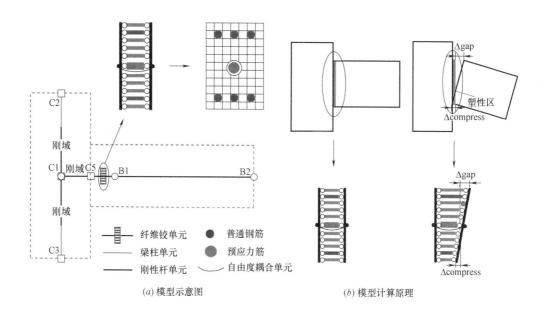

(*a*) 模型示意图　　　　　　　　(*b*) 模型计算原理

图 2-45 基于 OpenSees 的纤维铰模型

　　采用多弹簧模型及纤维铰分析模型分别对某预应力装配式梁柱节点进了数值分析，分析结果对比如图 2-46～图 2-49 所示。梁柱节点中柱截面尺寸为 600mm×600mm 纵配为 12 根直径 28mm 的 HRB400 级钢筋。梁截面尺寸为 450mm×600mm，梁截面顶部配 3 根直径 22mm 的 HRB400 钢筋并穿过节点，梁截面中部配 4 根直径 15.2mm 钢绞线并穿过节点，预应力筋总面积为 700mm²，施加初始预应力 1000MPa，预应力筋距离梁截面下边沿距离 200mm。

　　从图 2-46～图 2-49 可以看出，建议纤维铰模型计算节点滞回曲线、普通钢筋应变、预应力筋应变计节点耗能能力均和多弹簧模型计算结果符合较好，证明了纤维铰模型的有效性。该模型的进一步研究参见文献 [29]。

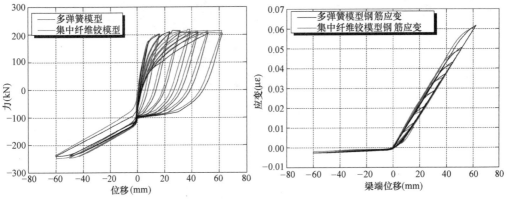

图 2-46　两个模型分析滞回曲线比较

图 2-47　普通钢筋应变比较

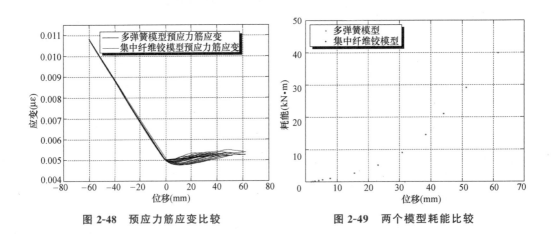

图 2-48　预应力筋应变比较

图 2-49　两个模型耗能比较

2.4.3　基于 Abaqus 的实体单元模型

以上基于 OpenSees 平台的仿真分析是杆件单元层面上进行的仿真模拟，不能精确模拟楼板的局部行为。为此，采用 Abaqus 软件中的混凝土实体单元（C3D8R）进行仿真模拟。混凝土采用塑性损伤模型，使用 Sidoroff 能量等价原理计算损伤因子[30]（图 2-50a）。混凝土本构模型和钢筋本构模型如图 2-50（b）和图 2-50（c）所示，钢筋采用分离式钢筋单元，忽略钢筋与混凝土之间的滑移。梁端与柱表面定义为面面接触单元，法向采用"硬接触"，切向采用摩擦系数为 0.8 的"罚"摩擦单元，来模拟梁柱接触面间的开合与摩擦滑动。混凝土单元和钢筋单元按 50mm 划分，接触部分加密为 20mm 网格。边节点模型共有 30261 个单元，中节点模型有 43957 个单元。节点单元划分模型及等效应变云图如图 2-50（d）和图 2-50（e）所示。试验与分析结果对比如图 2-50（g）所示，详细分析见文献 [31]。从图 2-50（g）和图 2-50（h）节点滞回曲线和预应力筋应力的对比可见，分析结果与试验结果吻合良好。图 2-50（e）和图 2-50（f）的混凝土损伤部位与试验基本一致，与现浇节点显著不同，进一步揭示了 PPEFF 节点的地震损伤机理。

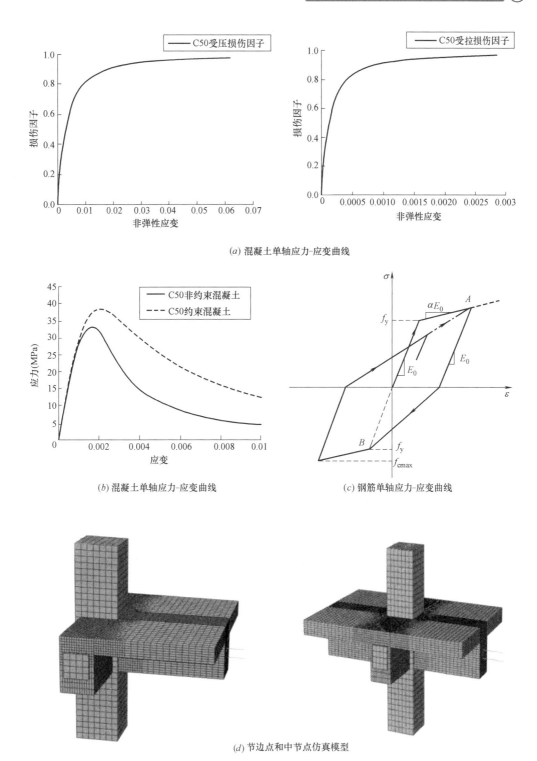

(a) 混凝土单轴应力-应变曲线

(b) 混凝土单轴应力-应变曲线

(c) 钢筋单轴应力-应变曲线

(d) 节边点和中节点仿真模型

图 2-50 PPEFF 节点仿真分析与试验验证（Abaqus）（一）

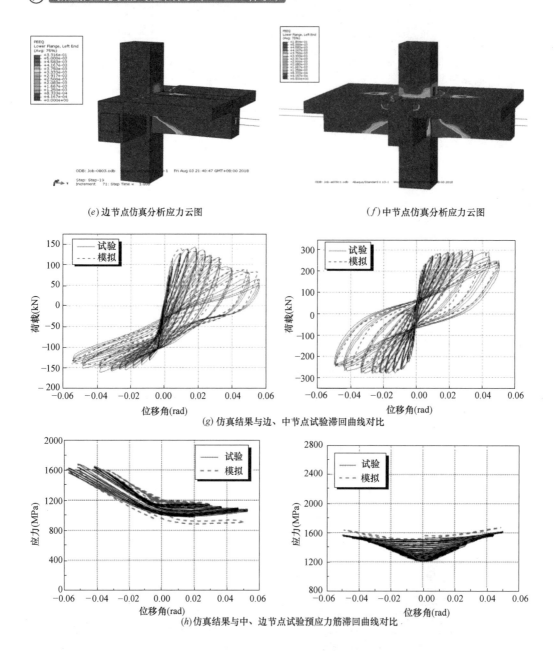

(e) 边节点仿真分析应力云图　　　　　　　　　(f) 中节点仿真分析应力云图

(g) 仿真结果与边、中节点试验滞回曲线对比

(h) 仿真结果与中、边节点试验预应力筋滞回曲线对比

图 2-50　PPEFF 节点仿真分析与试验验证（Abaqus）（二）

2.4.4　基于 PERFORM-3D 的纤维铰模型

PERFORM-3D 是成熟的商业三维结构非线性分析与性能评估软件，适用于大型复杂结构的抗震性能分析与评价；相比于基于 Abaqus 的实体元模型，基于 PERFORM-3D 的纤维铰模型计算效率更高，更加容易收敛。为适应不同的需要，提出了两种分析模型，一种为精细化模型，另一种为简化模型。

精细化模型适用于构件试验的分析，此模型建模比较复杂，但分析的结果准确性更好一些。不仅能把握节点的受力机理，还能较为方便的输出混凝土、钢筋和预应力筋等细部构造处的应变和应力，便于进行损伤评估。如图 2-51 和图 2-52 所示，对于梁柱界面处的间隙处，使用素混凝土纤维单元（即仅有抗压强度而无拉伸强度）进行模拟，长度为 L_{cr}。这是为了模拟这个区域只能受压不能受拉的特点，梁的其余部分是一般的纤维梁单元。使用非线性桁架单元模拟预应力筋的无粘段。类似地，使用非线性桁架单元模拟耗能钢筋的无粘段，其末端使用刚性连接将它们连接到梁上。精细化模型与节点试验值的对比如图 2-53～图 2-55 所示，由图可知，曲线的初始刚度和节点的承载力峰值的拟合较好。随着位移的增大，构件的非线性变得更加明显，因此后部分的模拟曲线和试验曲线有些差别，而且这种后期性能退化的现象不容易准确模拟。考虑到实际工程中结构最大层间位移角一般小于 1/50，基于 PERFORM-3D 的纤维铰模型在该范围内具有足够的仿真精度，满足工程设计需求。

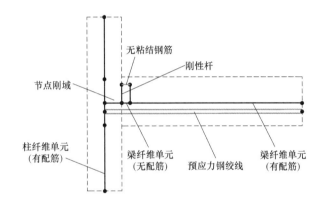

图 2-51　边节点精细化模型示意图

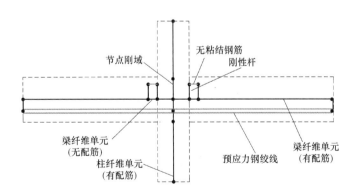

图 2-52　中节点精细化模型示意图

简化模型适用于工程应用，在保证模型较为准确的前提下，做了适当的简化，大大减少了建模的工作量，可以在较短的时间内进行整体结构的非线性分析。具体而言，简化模型最大的特点就是较小的预应力筋偏心通过截面纤维偏心方式考虑，将耗能钢筋的无粘段设在纤维截面内，如图 2-56 所示。这样的简化过程，是将对结果影响不大的部分加以优化，目的是让工程师能够快速建模，进而辅助设计。如图 2-57 所示，总体上对比三组骨架曲线和滞回曲线，发现拟合的效果较好，对精度的影响不大，仅仅是当负方向的位移角较大时，承载力较试验值小，因此分析的结果偏于安全，这也证实了该模型的便捷性和准确性。该模型的进一步研究参见文献 [32]。

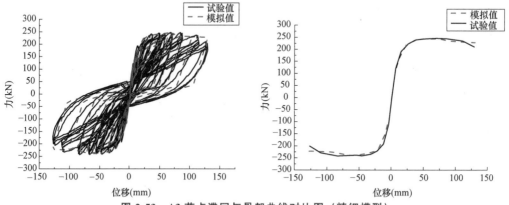

图 2-53　A3 节点滞回与骨架曲线对比图（精细模型）

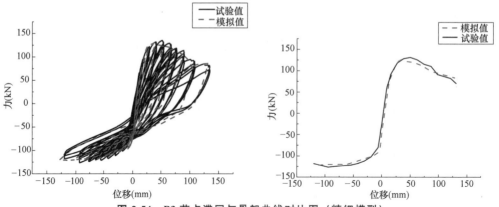

图 2-54　B3 节点滞回与骨架曲线对比图（精细模型）

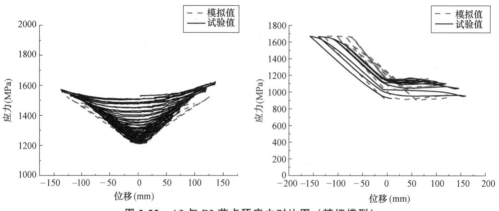

图 2-55　A3 与 B3 节点预应力对比图（精细模型）

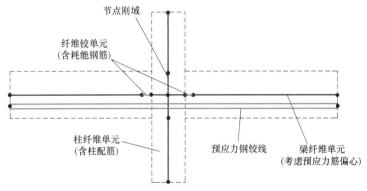

图 2-56 中节点简化模型示意图

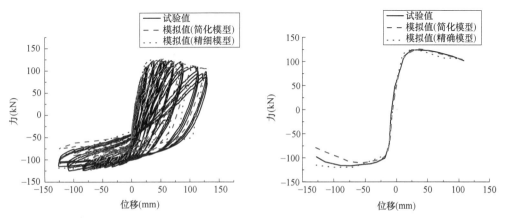

图 2-57 B2 节点简化模型和精确模型对比图

PERFORM-3D 程序中使用的主要材料本构如下。

（1）混凝土

PERFORM-3D 程序中所有非线性本构模型包括材料本构模型、截面本构模型（塑性铰本构模型）及弹簧本构模型均采用统一骨架曲线表达形式，即"YULRX"五折线骨架曲线形式，如图 2-58 所示。Y 表示屈服点，U 表示达到峰值广义力开始点，L 表示峰值广义力结束点，R 表示下降段结束点，X 表示退出工作点。

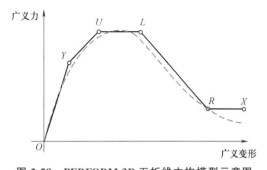

图 2-58 PERFORM-3D 五折线本构模型示意图

非线性分析模型中，材料本构模型和截面本构模型是影响分析结果的主要因素，本构模型包括两个要素：骨架曲线及滞回法则。PERFORM-3D 程序中可以通过 YULRX 各阶段的能量系数调整整个滞回环的滞回特性。滞回环的能量系数 α_E 为 $0.1 \sim 1.0$ 之间。$\alpha_E = 1.0$ 表示无刚度退化，滞回环无捏缩现象，环内面积变化小。

α_E＝0.1 表示刚度退化程度严重，滞回环捏缩严重，环内面积变小，原理示意如图 2-59 所示。

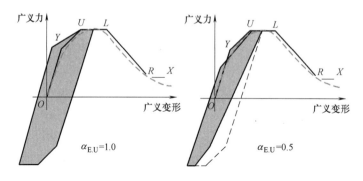

图 2-59　PERFORM-3D 滞洄本构原理图

混凝土材料本构主要分为无约束混凝土本构和约束混凝土本构两种。

无约束混凝土本构骨架曲线采用《混凝土结构设计规范》GB 50010—2010 （2015 年版）附录 C 规定的混凝土单轴本构关系曲线，并根据"YULRX"五折线本构模型进行简化，如图 2-60 所示。其中混凝土材料峰值强度采用材料标准值，由于混凝土受拉段影响不大，为简化整体结构分析的计算量，不考虑混凝土受拉段。

PERFORM-3D 程序中混凝土骨架曲线的参数见表 2-9，各参数意义如图 2-61 所示[33]。

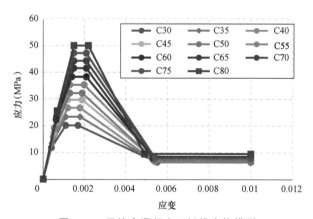

图 2-60　无约束混凝土五折线本构模型

PERFORM-3D 无约束混凝土本构参数　　　　　　　　　　　　表 2-9

参数	C30	C35	C40	C45	C50	C55	C60
E	30000	31500	32500	33500	34500	35500	36000
FY	11.84	13.41	15.79	17.28	19.09	19.09	22.27
FU	20.11	23.29	26.67	29.62	32.24	35.33	38.31
DU	0.0011	0.0011	0.0012	0.0012	0.0013	0.0013	0.0014
DX	0.0100	0.0100	0.0100	0.0100	0.0100	0.0100	0.0100

续表

参数	C30	C35	C40	C45	C50	C55	C60
DL	0.0017	0.0018	0.0018	0.0019	0.0019	0.0020	0.0021
DR	0.0055	0.0053	0.0054	0.0054	0.0054	0.0055	0.0053
FR/FU	0.32	0.30	0.25	0.25	0.22	0.22	0.22
参数	C65	C70	C75	C80	—	—	—
E	36500	37000	37500	38000	—	—	—
FY	23.33	25.5	25.5	25.5	—	—	—
FU	41.52	44.28	47.17	49.96	—	—	—
DU	0.0015	0.0015	0.0015	0.0015	—	—	—
DX	0.0100	0.0100	0.0100	0.0100	—	—	—
DL	0.0021	0.0021	0.0021	0.0022	—	—	—
DR	0.0053	0.0054	0.0054	0.0049	—	—	—
FR/FU	0.19	0.18	0.17	0.19	—	—	—

约束混凝土骨架曲线的单轴受压应力—应变关系可采用 Mander 应力—应变关系。该模型的混凝土应力—应变关系由 5 个参数确定[34]，与截面形状和箍筋的配置有关。根据 Mander 模型的公式、混凝土材料强度平均值及弹性模量值，可计算得到工程中所采用不同箍筋约束情况下的混凝土材料本构曲线[35]，如图 2-62 所示。各参数取值见表 2-10。

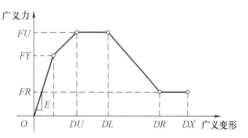

图 2-61　PERFORM-3D 本构骨架曲线参数图示

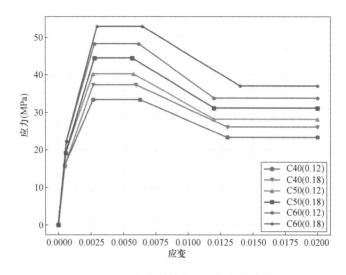

图 2-62　约束混凝土五折线本构模型

PERFORM-3D 约束混凝土本构参数表　　　　　　　表 2-10

参数	C40（0.12）	C40（0.18）	C50（0.12）	C50（0.18）	C60（0.12）	C60（0.18）
E	32500	32500	34500	34500	36000	36000
FY	15.79	15.79	19.09	19.09	22.27	22.27
FU	33.4	37.3	40.3	44.5	48.3	52.9
DU	0.0027	0.0027	0.0027	0.0028	0.0028	0.003
DX	0.02	0.02	0.02	0.02	0.02	0.02
DL	0.0063	0.006	0.0058	0.0057	0.0062	0.0065
DR	0.013	0.011	0.012	0.012	0.012	0.014
FR/FU	0.7	0.7	0.7	0.7	0.7	0.7

注：括号内数字表示配箍特征值 λ_v。

（2）钢筋

钢筋本构骨架曲线采用二折线本构模型，常见的钢筋拉伸全曲线如图 2-63 所示。极限受拉应变值 ε_{stu} 在 0.15～0.30 之间，该值与钢筋生产工艺及质量控制有关，变异性大，保守取 0.15，如图 2-63 所示。钢筋的弹性模量 E 及屈服强度 f_y 按《混凝土结构设计规范》GB 50010—2010（2015 年版）第 4.2 节取值。钢筋的强化系数 b 取 0.02。由于钢筋材料滞回环相对饱满，能量退化系数 α_E 取 1.0。

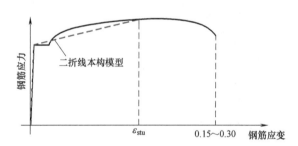

图 2-63　钢筋二折线骨架曲线示意图

（3）钢绞线

参考 ACI 550.3-13，预应力钢绞线的本构可采用式（2-1）和式（2-2）（图 2-64）：

当 $0 \leqslant \varepsilon_p \leqslant 0.9 f_{ptk}/E_p$ 时：

$$\sigma_p = E_p \varepsilon_p \tag{2-1}$$

当 $0.9 f_{ptk}/E_p < \varepsilon_p < 0.02$ 时：

$$\sigma_s = 0.9 f_{ptk} + \left(\frac{0.05 f_{ptk}}{0.02 - 0.9 f_{ptk}/E_p} \right) \cdot \left(\varepsilon_p - \frac{0.9 f_{ptk}}{E_p} \right) \tag{2-2}$$

式中　σ_p——无粘结预应力筋应变为 ε_p 时的拉应力（N/mm^2）；

　　　E_p——无粘结预应力筋的弹性模量（N/mm^2）；

　　　f_{ptk}——无粘结预应力筋的极限强度标准值（N/mm^2）。

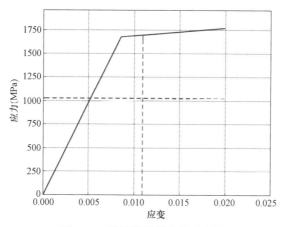

图 2-64　钢绞线材料本构示意图

2.4.5　PPEFF 节点与 Hybrid Frame 节点性能比较

以上试验和分析表明两点：一是 PPEFF 节点的承载和损伤机理与 Hybrid Frame 节点类似；二是本研究所建立的仿真分析模型是准确的。下面通过分析进一步定量比较两者的刚度、极限承载力、抗剪性能、耗能能力和自复位能力。选取本研究节点试验中的中节点作为对比基准，用于对比分析的各梁柱节点的混凝土强度等级及截面尺寸，耗能钢筋和预应力钢筋的材性、面积及初始预张拉力均一致。PPEFF 节点分考虑楼板作用和不考虑楼板作用两种；Hybrid Frame 节点不考虑楼板作用且预应力筋位于梁截面形心，耗能钢筋均布于梁上下截面边缘。运用本文的仿真模型进行低周往复荷载作用下的仿真计算，其结果如图 2-65 所示。

由图 2-65（a）可见，两者弹性刚度基本一致，无论是否考虑楼板的作用，PPEFF 节点抗弯极限承载力都更高，体现了更好的承载效率（在实际工程中，考虑到初始恒活荷载的作用，梁端顶部负弯矩将比底部正弯矩大，PPEFF 节点的承载效

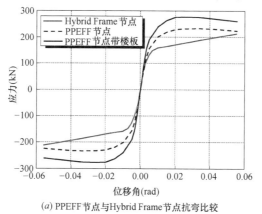

(a) PPEFF 节点与 Hybrid Frame 节点抗弯比较

图 2-65　PPEFF 节点 Hybrid Frame 节点抗震性能对比（一）

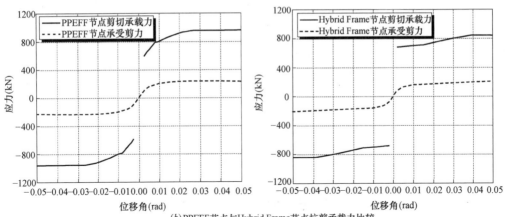

(b) PPEFF节点与Hybrid Frame节点抗剪承载力比较

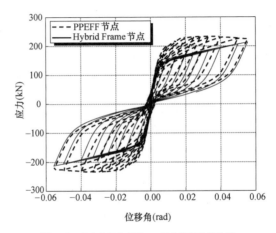

(c) PPEFF节点与Hybrid Frame节点滞回曲线比较

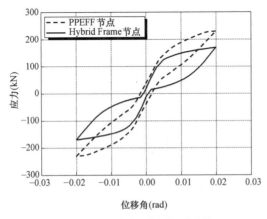

(d) 0.02位移角下节点滞回线比较

图 2-65　PPEFF 节点 Hybrid Frame 节点抗震性能对比（二）

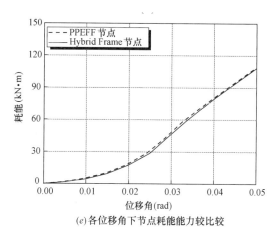

(e) 各位移角下节点耗能能力较比较

图 2-65 PPEFF 节点 Hybrid Frame 节点抗震性能对比（三）

率将比本文对比的低周往复荷载作用下的更高）。梁柱接触面混凝土净压力大小决定梁端面的抗剪承载力（只考虑预应力夹紧提供的抗剪承载力，未考虑耗能钢筋销栓抗剪附加承载力），两者的比较如图 2-65（b）所示，可见随着节点位移角的增大，PPEFF 节点的抗剪承载力增长要快于 Hybrid Frame 节点（Hybrid 节点的梁底耗能钢筋进入塑性后会对梁柱接触面净压力产生不利影响），展现出更好的抗剪能力和安全储备，且节点位移角超过 1/40 后抗剪承载力不再增长，表明夹紧节点的预应力筋的应力水平不再随着节点位移角的增大而增长（因梁端混凝土损伤致梁端有效抗弯力臂降低），避免了预应力筋进入塑性而导致节点抗剪失效发生。图 2-65（b）也表明，PPEFF 节点和 Hybrid 节点仅依靠预应力夹紧提供的抗剪承载力均能满足往复加载下的抗剪需求。两者耗能能力对比如图 2-65（c）、图 2-65（d）和图 2-65（e）所示，可见在各个位移角下两者耗能能力基本一致，PPEFF 节点的耗能能力和卸载刚度稍好，原因是集中配置耗能钢筋效率提升导致。两者自复位能力比较如图 2-65（c）和图 2-65（d）所示，可见两者自复位能力均很好，Hybrid Frame 节点更优一些（见图 2-65d，0.02 位移角下的滞回曲线对比）。本书未进一步展开比较两者的自复位性能，既考虑到 Hybrid Frame 节点具备设计成完全自复位节点的能力（残余变形为零），也考虑到实际工程中楼板及其他结构构件对结构整体自复位能力影响具有不确定性，对节点设计一定要求完全自复位是否为必要，需另行探讨。

综上所述，PPEFF 节点在低周往复荷载作用下的刚度，抗弯极限承载力、抗剪承载力比美国 Hybrid Frame 节点更好，耗能能力相当，自复位能力略有降低，但远好于现浇结构。

2.5 抗连续倒塌性能研究

建筑结构倒塌破坏可能造成严重的人员伤亡和经济损失，现行国家标准《建筑结构可靠性设计统一标准》GB 50068—2018 规定："采用对可能受到的危害反应不敏感的结构类型"；"采用当单个构件或结构的有限部分被意外移除或结构出现可接受的局部损坏时，结构的其他部分仍能保存的结构类型"；"当发生爆炸、撞击、人为错误等偶然事件时，结构能保持必要的整体稳固性，不出现与起因不相称的破坏后果，防止出现结构的连续倒塌"。现行中国工程建设标准化协会标准《建筑结构抗倒塌设计规范》CECS 392：2014 规定："为避免发生偶然事件时建筑结构倒塌破坏，应采取措施防止建筑结构遭受偶然事件或减小偶然事件对建筑结构的影响，同时应通过抗倒塌设计，使建筑结构具有抗倒塌能力"，同时对抗倒塌的概念设计、结构抗倒塌措施、结构抗倒塌计算和结构倒塌判别进行了规定。国外对建筑结构抗连续倒塌的最新要求可以参考美国公共事务管理局（GSA）编制的《替代路径法抗连续倒塌分析设计指南》（2016）[36]（以下简称 GSA 2016）和美国国防部编制的统一设施标准《建筑抗连续倒塌设计》UFC 4-023-03 2016[37] ［以下简称 DOD 2009（2016 版）］。PPEFF 体系作为一种新型的快速装配结构体系，对其抗连续倒塌性能进行理论分析和试验研究是有其必要性的。从概念设计方面分析，PPEFF 体系梁柱节点通过设置耗能钢筋、抗剪钢筋和预应力钢筋多道防线，能够有效防止在各种意外情况下梁柱节点分离，符合抗连续倒塌规范规定的"局部加强"的要求；通过设置贯穿结构梁柱的预应力钢绞线，并在梁中部设置足够长度的预应力钢绞线有粘结段，可防止局部预应力筋意外失效导致的结构连续失效风险，符合规范规定的"加强构件间拉结"的要求，并可进行相应的抗连续倒塌分析验算。在本书第 2.3.8 节进行的预应力锚具意外失效情况下，PPEFF 结构的抗连续倒塌试验充分表明以上抗连续倒塌构造措施的有效性。下面，我们依据以上国内外规范和指南，进行替代路径法（又称转换途径法、拆除构件法）的仿真分析和 PPEFF 体系的五层大型足尺抗连续倒塌试验设计。

2.5.1 抗连续倒塌分析方法

为预防意外情况的发生，需对建筑物进行抗连续倒塌设计分析，使其破坏在可控或可接受的范围之内，尽量减轻对社会的影响和减少经济损失。结构抗连续倒塌设计分析方法主要有四种：概念设计法、拉结强度法、替代路径法（又称转换途径法、拆除构件法）、局部加强法（又称关键构件设计法）。

替代路径法通过假想移除一些结构构件，此构件周围的其他构件为其提供替代的传力路径，剩余的结构承担本应由失效构件承担的荷载，保证整个结构不发生倒塌。替代路径法的主要目的是研究剩余结构发生内力重分布的能力。

DOD2009（2016 版）采用替代路径法时建议采用三维分析模型，以防止简化模型中过分保守的设计。其建议的分析方法为线性静力分析法、非线性静力分析法和非线性动力分析法。本书采用替代路径法进行五层框架结构的抗连续倒塌分析，按一定规则逐一拆除结构中竖向承重构件，计算剩余结构的抗连续倒塌能力。本书采用PERFORM-3D 软件非线性静力分析方法进行抗连续倒塌的数值分析，来验证五层结构的抗连续倒塌性能。

2.5.2 构件拆除位置

为考虑结构承重构件拆除的可行性和经济性，连续倒塌导则或规范一般给出拆除柱子或承重墙的所在位置的最少数量，如每次拆除失效柱的数量为一根。GSA 2016只要求对首层角柱、边柱及内柱进行逐一拆除。DOD 2009（2016 版）则要求对各楼层的角柱、长跨边柱、短跨边柱和内柱进行逐一拆除，对于简单框架结构，DOD 2009（2016 版）作了简化，外围柱只需拆除首层、顶层、中间层及柱断面尺寸发生改变的上一楼层，内柱只需拆除拥有停车场或避难公共区域的地下室或首层。我国的《建筑结构抗倒塌设计规范》CECS 392：2014 则要求拆除底层以及柱截面尺寸改变的楼层的角柱、周边靠近边长中间的柱、内部柱。本书中案例按照上述规范综合考虑，对首层角柱和首层长跨边柱逐一拆除（图 2-66）。

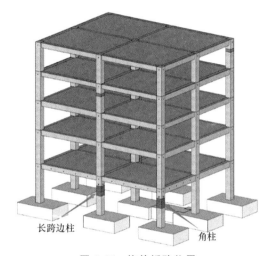

长跨边柱　　　　　角柱

图 2-66　构件拆除位置

2.5.3 破坏准则

（1）倒塌范围限制

GSA 2003 给出了倒塌范围限制：对于周边的失效构件，倒塌的容许面积取拆除竖向构件直接上方的相邻结构开间的面积和拆除竖向构件直接上方的 $167m^2$ 两者小值；对于内部的失效构件，倒塌的容许面积取拆除竖向构件直接上方的相邻结构开间的面积和拆除竖向构件直接上方的 $334m^2$ 两者小值。DOD 2005 给出了倒塌范围限制：对于周边的失效构件，倒塌的容许面积取拆除竖向构件直接上方的 $70m^2$ 楼盖面积和拆除构件上方楼层总面积的 15% 的两者小值；对于内部的失效构件，倒塌的容许面积取拆除竖向构件直接上方的 $140m^2$ 楼盖面积和拆除构件上方楼层总面积的 30% 的两者小值。DOD 2009（2016 版）规定不允许任何构件发生倒塌破坏，其要求最为严格。我国的《建筑结构抗倒塌设计规范》CECS 392：2014 倒塌范围限制与

DOD 2009（2016 版）一致，规定不允许任何构件发生倒塌破坏。

（2）非线性分析破坏准则

对于非线性静力和非线性动力分析时破坏准则，以塑性转角和延性作为控制条件。GSA 2003 给出了非线性计算以构件的变形作为其失效的判断准则，现浇钢筋混凝土结构构件的极限变形失效准则：一般的梁和单向板许可转角为 6°，双向板许可转角为 12°，压力控制的柱延性控制为 1。DOD 2005 的判断准则：对于受压或压弯的柱，当两端均形成塑性铰时认为该构件遭到破坏；对于钢筋混凝土受弯构件，杆件端部或跨中形成塑性铰时，应根据其端部转角或跨中最大位移来判定其是否破坏，对于初级防护建筑的钢筋混凝土梁，许可转角为 6°，对于中、高级防护的建筑，许可转角为 4°。DOD 2009（2016 版）借鉴了 ASCE41 中的非线性分析破坏准则，以最大允许塑性转角定义临近倒塌性能点对应的转角作为其失效的判断准则，具体如下：对于混凝土框架结构的钢筋混凝土梁通常采用 M3 铰（平面内弯曲铰），也就是由平面内的弯矩控制的梁，建模参数和容许准则的参数，与梁的纵向配筋率、箍筋、剪力大小有关；对于钢筋混凝土柱通常采用 P-M-M 铰（轴力-平面内弯曲-平面外弯曲铰），建模参数和容许准则的参数，与柱的轴压比、箍筋、剪力大小有关。

我国的《建筑结构抗倒塌设计规范》CECS 392：2014 参考 DOD 的规定，构件力—转角骨架线上性能点 LS（生命安全）对应的塑性转角为其限值，性能点 LS 的总转角（屈服转角与塑性转角之和）为性能点 CP（连续倒塌）总转角的 75%，即使达到塑性转角的限值，构件尚能支承楼面的重力荷载且尚有变形能力储备，不会发生坍塌。抗震设计的钢筋混凝土梁塑性转角限值为 0.04rad。

本书采用《建筑结构抗倒塌设计规范》CECS 392：2014 的规定，不允许任何构件发生倒塌破坏，抗震设计的钢筋混凝土梁塑性转角限值为 0.04rad。

2.5.4 分析模型

分析模型采用 2×2 跨足尺 PPEFF 框架结构，平面图和立面图如图 2-67～图 2-73 所示。结构模型为地上 5 层，地下 0 层，基础顶面至顶层楼板高度为 16.5m。结构按 6 度设防烈度设计。预制柱的混凝土强度等级为 C50，预制梁、预制板以及现浇混凝土强度等级为 C40。

采用 2.4 节简化的 PERFORM-3D 的纤维铰模型，该模型中梁和柱的塑性行为均通过集中布置的纤维梁（柱）单元来模拟，梁采用一维纤维单元（考虑有效翼缘宽度范围内楼板混凝土的作用），柱采用二维纤维单元，PERFORM-3D 程序可通过定义的材料本构关系自动确定截面的塑性特性。梁柱节点区塑性变形很小，使用弹性刚度放大的方法考虑节点区刚域。梁柱中间段采用弹性段，节点区刚域、纤维梁（柱）单元、梁（柱）弹性段拼接形成 PERFORM-3D 软件中的梁（柱）组件。无粘结预应力钢绞线采用分离式的索单元模拟，根据工程实际构造分别与梁柱中心节点或梁跨中心节点共节点，如钢绞线在柱端锚固，则索单元在此端与梁柱中心节点共节点，如钢绞

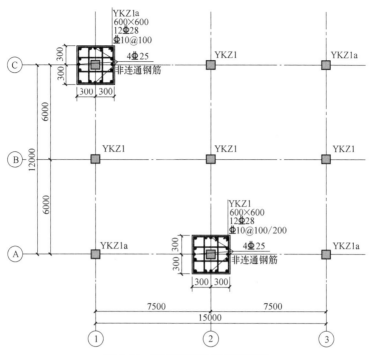

图 2-67 首层平面图及柱配筋图

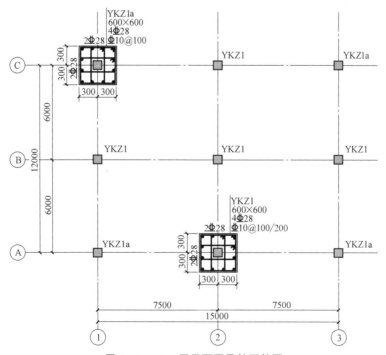

图 2-68 2～5层平面图及柱配筋图

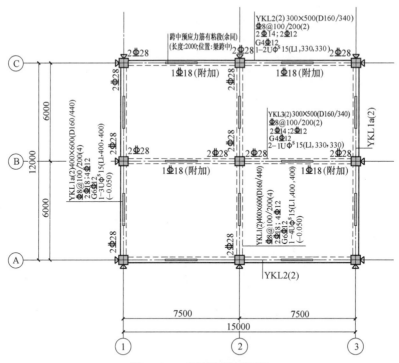

图 2-69　2层梁配筋平面图

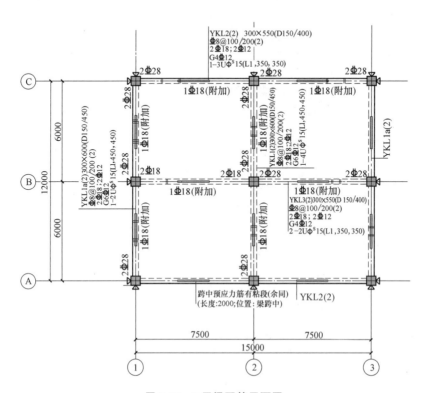

图 2-70　3层梁配筋平面图

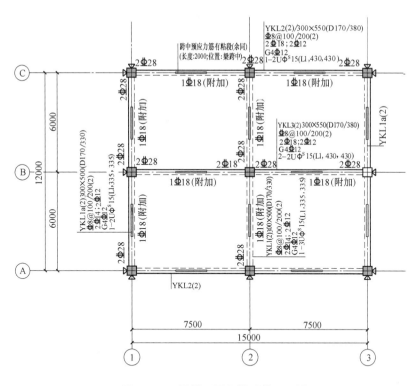

图 2-71　4 层屋、面层梁配筋平面图

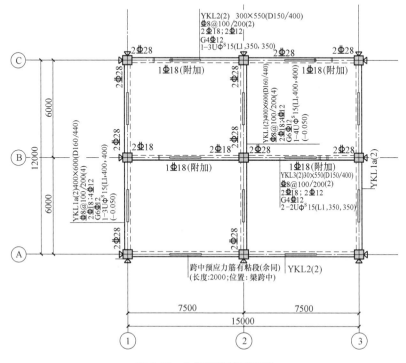

图 2-72　5 层梁配筋平面图

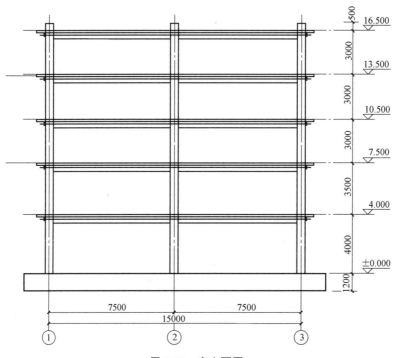

图 2-73 南立面图

线在梁跨中设置有粘结段，则索单元与此梁跨中心节点共节点，如图 2-74 所示。

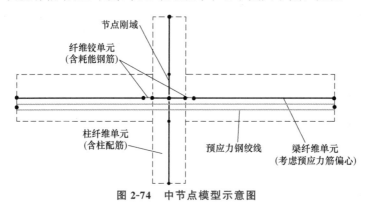

图 2-74 中节点模型示意图

2.5.5 荷载组合

采用线性静力分析时，GSA 2003 和 DOD 2009 中的动力放大系数（DIF）的值取 2.0。根据钱稼茹等的研究，动力放大系数（DIF）的值取 2.0 在线弹性阶段是成立的，当结构进入塑性阶段后，动力放大系数与需求能力比有关，取 2.0 过于保守，DOD 2009 在 2016 年修订版中根据大量试验及分析数据，得到更为合理的放大系数取值，框架结构的动力放大系数：

$$DIF = 1.04 + \frac{0.45}{\theta_{\text{pra}}/\theta_{\text{y}} + 0.48}$$

我国的《建筑结构抗倒塌设计规范》CECS 392：2014 中的动力放大系数是根据

DOD 2009（2016 版）的公式来计算的动力放大系数，采用非线性静力方法时，动力放大系数建议值如下：钢结构取 1.35，钢筋混凝土框架结构取 1.22，剪力墙结构取 2.0，框架剪力墙结构取 1.75。本书中计算模型为预应力钢筋混凝土框架结构，采用非线性静力分析方法动力放大系数取 1.22。《建筑结构抗倒塌设计规范》CECS 392：2014 规定，采用非线性静力方法进行结构抗连续倒塌计算时，剩余结构的重力荷载组合效应设计值可按下列规定：

$$S_V = S_{V1} + S_{V2} + S_{V3}$$
$$S_{V1} = A_d(S_{GK} + \Psi_q S_{QK} \text{ 或 } \gamma_S S_{SK})$$
$$S_{V2} = S_{GK} + \Psi_q S_{QK}$$
$$S_{V3} = S_{GK} + \Psi_q S_{QK} \text{ 或 } \gamma_S S_{SK}$$

式中 S_{V1}——与被拆除的柱列相连的跨，且在被拆除柱所在层以上层的楼面重力荷载组合的效应设计值；

S_{V2}——与被拆除的柱列相连的跨，且在被拆除柱所在层以下层的楼面重力荷载组合的效应设计值；

S_{V3}——与被拆除的柱列不相连的各跨楼面重力荷载组合的效应设计值；

A_d——动力放大系数；

S_{GK}——楼面永久荷载标准值；

S_{QK}——楼面活荷载标准值；

S_{SK}——雪荷载标准值；

Ψ_q——楼面活载准永久值系数，取 0.5 或按荷载规范取；

γ_S——雪荷载分项系数。

本书采用我国的《建筑结构抗倒塌设计规范》CECS 392：2014 的规定进行荷载组合。

2.5.6 拆除底层柱后结构的变形状态

本节从结构的整体变形、失效柱处的竖向位移和水平构件的最大转角来探讨在首层角柱和首层长跨边柱按顺序失效工况下的结构抗连续倒塌的能力。

（1）结构的整体变形

结构整体变形如图 2-75 所示。

（2）失效柱处的竖向位移

抽柱点竖向位移见表 2-11。

抽柱点竖向位移（mm）　　　　　　　　　　　　　表 2-11

工况	抽角柱		抽长跨边柱	
	抽角柱处首层	抽角柱处顶层	抽长跨边柱处首层	抽长跨边柱处顶层
（1）未拆柱	0.17	0.10	0.30	0.21
（2）拆首层角柱	19.2	18.8	0.45	1.12
（3）拆首层长跨边柱	54.6	54.1	41.9	41.0

（3）水平构件转角

水平构件转角见表 2-12。

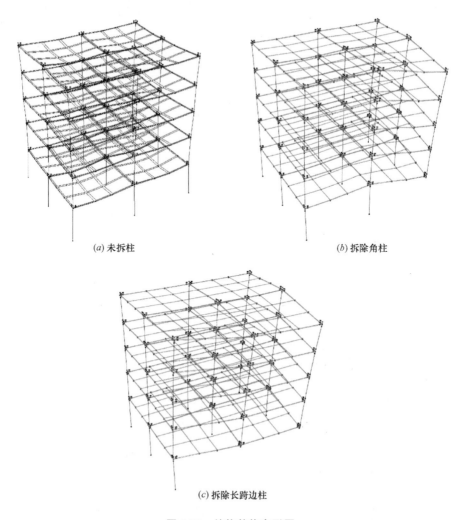

(a) 未拆柱

(b) 拆除角柱

(c) 拆除长跨边柱

图 2-75　结构整体变形图

水平构件转角（rad）　　　　　　　　　　　　表 2-12

工　况	最大转角
(1)未拆柱	—
(2)拆首层角柱	0.0032
(3)拆首层长跨边柱	0.0091

　　通过对比图 2-75 结构拆除底层角柱和底层长跨边柱过程中的结构整体变形，可知在拆除底层角柱和底层长跨边柱时，与被拆除的柱列相连的跨，且在被拆除柱所在层以上层的楼面，均发生了较为明显的变形，上述区域和结构荷载动力放大系数作用的区域一致，且拆除完底层长跨边柱后结构依然表现出良好的完整性和安全性。

通过对比表 2-11 抽柱点竖向位移的非线性静力分析数据，可知抽柱后抽柱点发生较为明显的竖向变形，且抽柱处底层变形和顶层变形相差不大，结构在抽首层长跨边柱后，底层抽角柱处变形进一步扩大，由 19.2mm 增加为 54.6mm，结构各个点竖向变形最大为 54.6mm，变形较小说明结构具有较为良好的抗连续倒塌能力。

通过对比表 2-12 水平构件转角的非线性静力分析数据，可知水平构件在抽完底层长跨边柱之后的最大转角只有 0.0091rad，此转角为构件的整体变形，包含了弹性变形和塑性变形，因此距离《建筑结构抗倒塌设计规范》CECS 392：2014 规定的抗震设计的钢筋混凝土梁塑性转角限值 0.04rad 还有较大的差距，结构没有任何构件发生倒塌破坏，结构具有非常良好的抗连续倒塌能力。

2.5.7 拆除底层柱后结构的受力状态

本节从结构的耗能钢筋应变变化、预应力筋应变变化和首层柱轴力变化来探讨在首层角柱和首层长跨边柱按顺序失效工况下的结构抗连续倒塌的能力。

（1）耗能钢筋应变变化

耗能筋最大应变见表 2-13。

耗能筋最大应变　　　　　　　　　　　　　　　　　　表 2-13

工况	耗能钢筋最大应变	状态	屈服耗能筋位置
（1）未拆柱	0.0004	弹性	无屈服
（2）拆首层角柱	0.0104	屈服	二、三层短跨方向抽柱点所在跨远端耗能筋
（3）拆首层长跨边柱	0.0426	屈服	所有层抽柱点所在跨远端耗能筋

（2）预应力筋应变变化

预应力筋最大应变见表 2-14。

预应力筋最大应变　　　　　　　　　　　　　　　　　　表 2-14

工况	预应力筋最大应变	状态
（1）未拆柱	0.0056	弹性
（2）拆首层角柱	0.0059	弹性
（3）拆首层长跨边柱	0.0066	弹性

（3）首层柱轴力变化

首层柱编号如图 2-76 所示，首层柱轴力变化见表 2-15。

通过对比表 2-13 抽柱过程中耗能钢筋应变的变化和最大应变耗能筋的分布，可知抽首层角柱后，二、三层短跨方向抽柱点所在跨远端耗能筋发生屈服，最大应变 0.0104；拆首层长跨边柱后，耗能筋屈服区域迅速扩展，最终所有层抽柱点所在跨远端耗能筋发生屈服，最大应变 0.0426；通过对比表 2-14 预应力筋最大应变，可知在抽首层角柱后，预应力筋应变变化不大，最大变化 5.3%，拆首层长跨边柱后，预应

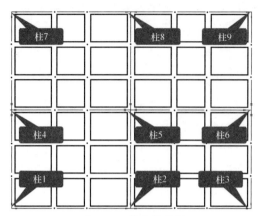

图 2-76　首层柱编号

力筋应变最大变化 17.9%，均保持在弹性状态；通过对比表 2-15 首层柱轴力变化，可知拆首层角柱 3 后，与首层角柱 3 相邻的柱 2 和柱 6 轴力有较大的增长，最大增长值为 610 kN，与首层角柱 3 不相邻且距离较远的其他柱均有不同程度的轴力下降，这是因为抽掉角柱 3 后，整个结构有向抽柱方向的倾覆力矩，导致相邻抽柱处的柱轴力增加，远离抽柱处的轴力下降，继续抽掉首层长跨边柱后，此规律更加明显，和未拆柱时相比，此时柱 1 轴力增长了 103%，柱 5 轴力增长了 84%，柱 6 轴力增长了 100%，柱 7、柱 8、柱 9 轴力均有较大幅度的下降，其中柱 8 轴力下降了 59%，最终柱轴力最小处为柱 9 轴力为 229 kN，所有轴力均未出现拉力，结构具有良好的抗连续倒塌能力。

首层柱轴力变化（kN）　　　　　　　　　　　　　　　表 2-15

工况	柱1	柱2	柱3	柱4	柱5	柱6	柱7	柱8	柱9
(1)未拆柱	619	1060	590	1036	1879	1165	598	1172	506
(2)拆首层角柱	546	1577	—	996	1968	1775	568	990	426
(3)拆首层长跨边柱	1258	—	—	1048	3459	2331	322	483	229

2.5.8　小结

综上所述，结构在拆除首层角柱和首层长跨边柱后结构各个点竖向变形较小，最大为 54.6mm，水平构件转角距离《建筑结构抗倒塌设计规范》CECS 392：2014 规定的抗震设计的钢筋混凝土梁塑性转角限值 0.04rad 还有较大的距离，耗能钢筋只有抽柱点所在跨远端发生屈服，预应力筋均保持弹性，柱子轴力均未出现拉力，结构没有任何构件发生倒塌破坏，结构整体具有非常良好的抗连续倒塌能力。

【说明】　以上分析的 PPEFF 体系五层大型足尺抗连续倒塌试验在本书编写截稿时已经通过了专家论证会的论证（图 2-77），试验模型建造尚未完成（图 2-78），预计将于 2019 年年底前完成。作为国家"十三五"重点研发项目协同创新的一部分，天津大学负责的"高性能结构抗连续倒塌与整体性能设计理论"项目研发团队作为试

图 2-77 PPEFF 体系足尺抗连续倒塌试验专家论证会

验的合作单位，采用 LS-DYNA 软件三维实体单元同步对 PPEFF 体系的五层大型足尺抗连续倒塌试验进行了"非线性动力分析法"仿真模拟（图 2-79），其结果与本节我团队采用 PERFORM-3D 软件进行的"非线性静力分析法"的计算的失效点最大竖向位移相近，也表明规范规定的不同分析评估方法能够取得相近的结果。值得说明的是，目前的仿真分析均未对不同的装配楼板与梁柱连接节点细部和预制构件装配部位的后浇混凝土的不连续性进行细致考虑，各种仿真分析方法的准确性还要待 PPEFF 体系的五层大型足尺抗连续倒塌试验完成后进一步评估。

图 2-78 足尺抗连续倒塌试验现场安装照片

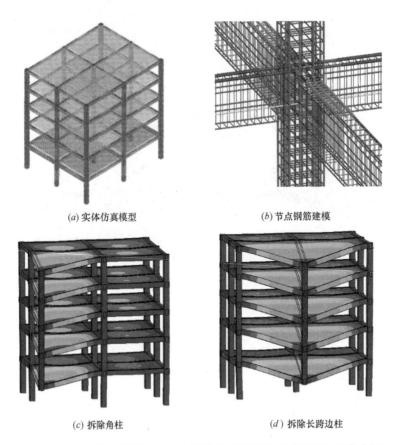

(a) 实体仿真模型　　　　　　　　(b) 节点钢筋建模

(c) 拆除角柱　　　　　　　　　　(d) 拆除长跨边柱

图 2-79　PPEFF 体系拆除角柱和中柱竖向位移云图（LS-DYNA 仿真分析）

PPEFF 足尺试验现场安装视频

第 3 章 ▶▶▶

PPEFF体系设计指南

3.1 适用范围

PPEFF 体系是一种采用后张预应力筋作为快速连接装配手段的干式装配混凝土框架体系，具有构件标准化程度高，装配率高，施工效率高，结构抗震性能好等众多优点，并且可以与常规的现浇框架，框架剪力墙和钢结构支撑体系联合使用，可广泛应用于高地震烈度的办公、商业、学校、酒店、公寓和多层仓库及工业厂房等建筑。

（1）各类型 PPEFF 体系及相应的最大适用高度不宜超过表 3-1 的规定，对于平面或竖向均不规则的高层建筑，其最大使用高度宜适当降低。

PPEFF 体系最大适用高度（m）   表 3-1

结构类型	抗震设防烈度				
	6 度	7 度	8 度(0.2g)	8 度(0.3g)	9 度
PPEFF 框架结构	60	50	40	35	—
PPEFF 框架-剪力墙结构	130	120	100	80	50
PPEFF 框架-核心筒结构	150	130	100	90	70

【说明】 PPEFF 体系最大适用高度与《高层建筑混凝土结构技术规程》JGJ 3—2010 中的 A 级高度建筑相同。研究表明 PPEFF 体系的抗震性能略优于美国的 Hybrid 体系，Hybrid 体系已在美国和新西兰的高地震烈度区（相当于我国的 9 度区）使用，并经过实际地震考验。已建成的美国旧金山市的 39 层 Paramount Building 是在高烈度地震区（Zone4 地震设防峰值加速度为 400gal，与中国 9 度设防烈度相当）采用 Hybrid 装配框架剪力墙体系的最高预制结构（结构周边布置 Hybrid 框架，中部现浇混凝土核心筒，未采用其他耗能减震措施）。该楼高达 128m（图 3-1），曾是旧金山最高的建筑（2002～2008 年间）。

（2）各类型 PPEFF 体系的高宽比不宜超过表 3-2 的规定。

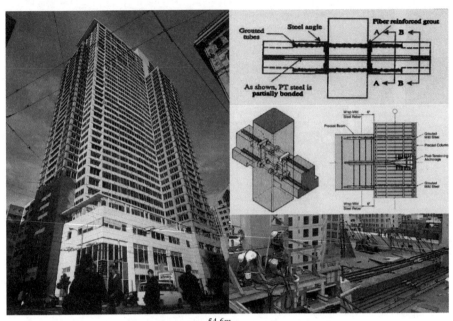

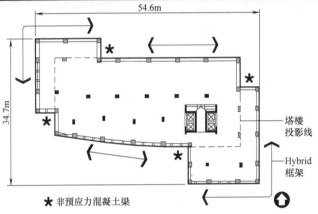

图 3-1 Paramount Building 大厦及标准层结构平面布置图[10]

PPEFF 体系适用的最大高宽比（m） 表 3-2

结构类型	抗震设防烈度				
	6 度	7 度	8 度(0.2g)	8 度(0.3g)	9 度
PPEFF 框架结构	4	4	4	3	—
PPEFF 框架-剪力墙结构	6	6	5	5	4
PPEFF 框架-核心筒结构	7	7	6	6	4

【说明】 此处规定与《高层建筑混凝土结构技术规程》JGJ 3—2010 相同。

3.2　结构布置

3.2.1　结构平面布置

（1）PPEFF 体系结构平面应力求规整，在一个结构单元内，宜使结构的质量中心与刚度中心重合。典型的 PPEFF 框架体系结构平面布置如图 3-2 所示；典型的 PPEFF 框架-剪力墙体系如图 3-3 所示。

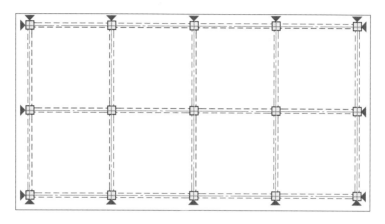

图 3-2　典型 PPEFF 框架平面示意图

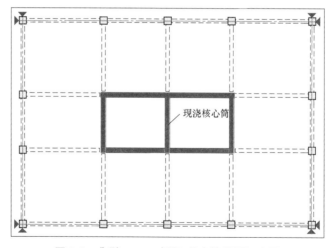

现浇核心筒

图 3-3　典型 PPEFF 框架-剪力墙平面示意图

（2）方案设计时，应根据结构受力特点及建筑尺度、形状、使用功能要求，确定结构缝的位置和构造；伸缩缝、沉降缝、防震缝应结合考虑，伸缩缝与沉降缝的宽度应满足防震缝的要求[38]。一般情况下，PPEFF 体系结构伸缩缝的最大间距可按表 3-3 确定。

PPEFF 体系结构伸缩缝最大间距（m） 表 3-3

结构类型	室内	露天
PPEFF 框架结构	75	50
PPEFF 框架-剪力墙结构	70	45

【说明】

根据我国现行《混凝土结构设计规范》GB 50010—2010（2015 年版）8.1 节的规定，装配式框架结构室内伸缩缝最大间距可达 75m，现浇框架结构室内伸缩缝最大间距为 55m。PPEFF 体系结构也属于叠合构件加后浇层形成的结构，其预制混凝土构件基本已经完成收缩，故伸缩缝间距可取高于现浇框架结构、低于全装配式框架的中间值；另一方面，考虑到 PPEFF 体系结构在浇筑叠合层时一般框架内已经建立了 3~6MPa 的预压力，且楼板叠合层内一般通长配置了构造钢筋，有利于约束混凝土的收缩开裂，综合考虑，建议 PPEFF 体系结构伸缩缝的最大间距取《混凝土结构设计规范》GB 50010—2010 装配式框架的规定。

表中 PPEFF 框架-现浇剪力墙结构的伸缩缝最大间距是按《混凝土结构设计规范》GB 50010—2010 中装配式剪力墙结构和装配式框架结构的中间值选取的，只是为了方便使用者查询，实际工程中应根据剪力墙的布置距离进行适当调整。

（3）对于超长结构，应遵循《预应力混凝土结构设计规范》JGJ 36—2016 中第 7 章"超长结构的预应力设计"规定。并应采取低收缩混凝土材料、施工后浇带、跳仓法浇筑和加强混凝土养护等施工措施。

（4）结构平面布置时，应考虑预应力张拉端或固定端构造对建筑外围护墙板的影响。为了避免外围护墙板与预应力锚头碰撞，宜使外围护墙板内边线位于柱子外边线以外 250mm 以上，楼板外挑用以承担外围护墙板荷载，如图 3-4 所示。

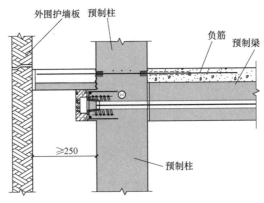

图 3-4 PPEFF 框架板边构造示意

结构缝单侧或两侧均采用 PPEFF 框架时，在结构缝位置可设置双柱，结构楼板外挑并进行建筑构造处理。为了保证预应力张拉具有足够的操作空间，双柱外皮净间距不宜少于 1500mm，如图 3-5 所示。

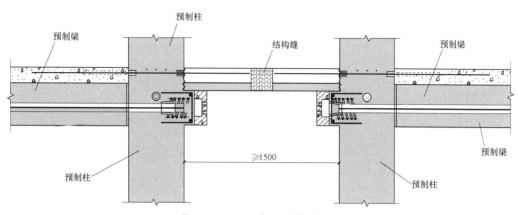

图 3-5 PPEFF 框架结构缝示意

3.2.2 结构竖向布置

当地上部分带有群房竖向不规则时，群房以下部分可根据需要采用现浇混凝土结构，群房以上的标准楼层使用 PPEFF 框架，以提高预制构件标准化程度（图 3-6）。

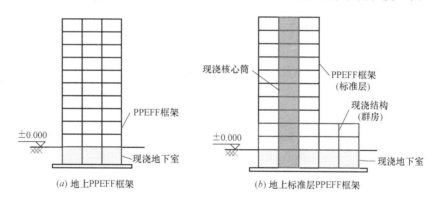

图 3-6 PPEFF 体系竖向布置示意

3.3 主要材料

1. 混凝土

预应力混凝土结构，混凝土强度等级不宜低于 C40，且不应低于 C30。预制柱宜采用 C50 及以上混凝土，预制梁宜采用 C40 混凝土，预制梁和板上的现浇叠合层宜与预制梁（板）混凝土强度等级一致。

2. 非预应力钢筋

（1）预制柱的纵筋，预制梁和板内的非预应力主要受力筋宜采用 HRB400 或 HRB500 钢筋，也可采用 HRB600 钢筋。

（2）梁端与柱相连的局部削弱的耗能钢筋，宜采用 HRB400E 或 HRB500E 钢筋。钢筋的抗拉强度实测值与屈服强度实测值的比值不应小于 1.25；且钢筋的屈服强度实测值与屈服强度标准值的比值不应大于 1.3；且钢筋在最大拉力下的总伸长率实测值不应小于 9%。

（3）箍筋可采用 HRB335、HRB400、HRB500 或 HRB600 钢筋。

（4）非预应力钢筋应符合《混凝土结构设计规范》GB 50010—2010 规定。

3. 预应力钢绞线

（1）预应力钢绞线宜选用强度级别为 1860 级，1×7（七股），公称直径为 12.7mm 或 15.2mm 的无粘结低松弛预应力钢绞线。

（2）所采用的预应力钢绞线应符合《预应力混凝土用钢绞线》GB/T 5224—2014 和《无粘结预应力钢绞线》JG/T 161—2016 的相关规定。

4. 套筒与灌浆料

（1）预制柱纵向钢筋连接应符合《钢筋套筒灌浆连接应用技术规程》JGJ 355 的相关规定。

（2）梁柱接缝处的灌浆料应采用镀铜钢纤维灌浆料，其 24h 的抗压强度不小于 25MPa，28d 的抗压强度不小于 60MPa，且不小于梁混凝土强度。宜选用直径 0.2mm，长度 6mm 的镀铜钢纤维，在拌合物中的体积掺量不宜小于 0.5%。镀铜钢纤维灌浆料拌合物浆体流动度初始值不宜小于 280mm，30min 后不小于 260mm。灌浆料应符合《水泥基灌浆材料应用技术规程》GB/T 50448 的规定。

（3）预应力孔道灌浆料应采用专用的预应力孔道灌浆料，其 12h 的抗压强度不小于 25MPa，28d 的抗压强度不小于 60MPa，且不小于梁混凝土强度。预应力孔道灌浆料应符合《预应力孔道灌浆剂》GB/T 25182—2010 的相关规定。

3.4 持久设计状况与多遇地震作用下结构整体设计

结构设计流程如图 3-7 所示。

3.4.1 基本规定

（1）在恒、活、风荷载、温度等持久设计状况或多遇地震作用下 PPEFF 体系应处于弹性状态，可采用与现浇预应力混凝土结构相同的方法进行内力分析。

【说明】 与现浇框架结构相比，PPEFF 框架具有更好的刚度、承载能力和抗震能力，在"弹性状态"下符合节点"刚接"假定。因此，为方便设计，与现有设计规程衔接，PPEFF 体系在弹性阶段（恒、活、风荷载、温度等持久设计状况或多遇地震作用下）的结构整体分析可以依照我国现有现浇预应力混凝土结构设计规范执行；其构件承载力计算和构造措施可按本章要求进行设计。在设计地震（设防地震）及罕遇地震作用下的设计及验算可以依照我国抗震设计规范中"基于性能的抗震设计方法"来执行，整体设计流程见图 3-7。

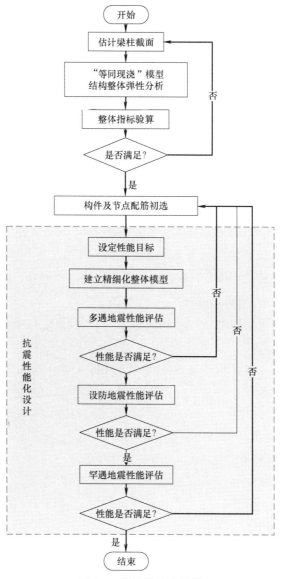

图 3-7 结构设计流程图

（2）PPEFF 体系应按最不利作用的组合进行内力分析。作用的组合应考虑各种不利荷载作用工况，包括预应力作用、温度作用、收缩徐变作用、约束作用和地基不均匀沉陷作用、施工路径以及由于荷载偏心所产生的扭转和横向均匀分布荷载等因素。

（3）PPEFF 体系的多遇地震作用及相应效应计算应按《预应力混凝土结构抗震设计规程》JGJ 140—2004 和《建筑抗震设计规范》GB 50011—2010（2016 版）相关规定执行。

（4）PPEFF 体系自身的阻尼比可采用 0.03，也可按钢筋混凝土结构部分和预应力混凝土结构部分在整个结构总变形能所占比例折算为等效阻尼比。

（5）计算结构的周期、位移、扭转位移指标时，可采用强制刚性楼板假定模型，刚性楼板假定模型应考虑翼缘作用对梁刚度进行放大，中梁取 2.0，边梁取 1.5。

（6）竖向荷载作用下，梁端弯矩调幅系数取 0.75；且框架梁跨中截面正弯矩设计值不应小于竖向荷载作用下按简支梁计算的跨中弯矩设计值的 75%。

【说明】 本体系同样应考虑梁在竖向荷载作用下梁端塑性变形内力重分布，减少梁端配筋有利于实现强柱弱梁和强剪弱弯的抗震性能目标。《高层混凝土结构技术规程》JGJ 3—2010 中对装配整体式结构的弯矩调幅系数取 0.7～0.8，《混凝土结构设计规范》GB 50010—2010（2015 版）中对预应力结构的弯矩调幅系数取值为 0.8。此处综合考虑，规定 PPEFF 体系的梁端弯矩调幅系数取值为 0.75，并要求截面设计时，框架梁跨中截面正弯矩设计值不应小于竖向荷载作用下按简支梁计算的跨中弯矩设计值的 75%，比《高层混凝土结构技术规程》JGJ 3—2010 中规定的不小于按简支梁计算的跨中弯矩设计值的 50% 的要求适当提高。

（7）结构整体分析时，楼板可根据需要采用刚性楼板假定、弹性楼板假定。当采用弹性楼板假定时，应考虑梁与弹性板变形协调。

（8）多遇震作用下，框架结构层间位移角不宜超过 1/550，框架-抗震墙结构位移角不超过 1/800。

【说明】 周期、位移、扭转位移等指标是对结构整体性、规则性宏观判断的需要，本体系无特殊要求。

（9）非地震荷载组合下，结构的强度和刚度要求按《混凝土结构设计规范》GB 50010—2010（2015 版）、《预应力混凝土结构设计规范》JGJ 369—2016、《无粘结预应力混凝土结构技术规程》JGJ 92—2016 或《高层混凝土结构技术规程》JGJ 3—2010 的要求执行。

3.4.2 结构布置与构件截面初选

（1）为方便预制构件生产，柱子截面一般为正方形或矩形。柱子截面大小可按每根柱子的轴压比大小初步估算确定。预制柱宜采用常用截面规格 400mm×400mm、500mm × 500mm、600mm × 600mm、700mm × 700mm、800mm × 800mm、900mm×900mm、1000mm×1000mm 等，以提高预制构件标准化程度。

（2）框架梁截面一般为矩形，梁截面宽度一般不小于 300mm，梁截面的高宽比不宜大于 4。框架梁截面高度可取计算跨度的 1/12～1/20，净跨与截面高度之比不应小于 4。预制梁宜采用常用截面规格：300mm×500mm、300mm×600mm、400mm×600mm、400mm×700mm、400mm×800mm、500mm×800mm、500mm×900mm、600mm×900mm 和 600mm×1000mm 以提高预制构件标准化程度。

（3）梁的后浇叠合层混凝土厚度不宜小于 150mm；楼板的后浇叠合层的厚度不宜小于 50mm。

（4）装配式楼板宜优先选用少次梁，少施工支撑的带现浇叠合层的预应力空心板

（SP板）或预应力混凝土钢管桁架叠合板；其中预应力空心板（SP板）为单向板，预应力混凝土钢管桁架叠合板一般为双向板。也可采用钢筋桁架楼承板和钢筋桁架叠合板。当采用单向板时，应考虑现浇叠合层的作用，适当分配部分板面荷载及自重至非承载方向框架梁。

（5）预应力筋的设计有效预应力一般取 $0.55 \sim 0.65$ 倍 f_{ptk}，最小预应力筋面积应满足式（3-1）：

$$A_p \sigma_{pe} \geqslant \frac{1.3 V_D + 1.5 V_L}{0.82 \mu} \tag{3-1}$$

式中　A_p——预应力筋面积；

　　　σ_{pe}——考虑损失后预应力筋的有效应力；

　　　V_D——恒载产生的梁端剪力标准值；

　　　V_L——活载产生的梁端剪力标准值；

　　　μ——摩擦系数，可取 0.6。

【说明】　此处参考 ACI 550-13 式 7.2.1，考虑到 PPEFF 体系与 Hybrid 不同，相当于梁上部叠合层有一个现浇牛腿，对端面抗剪有利，且 PPEFF 体系的抗剪试验表明，系数可达到 1.4，且端面滑动后，由于耗能钢筋和钢绞线销栓的抗剪作用，并非全截面抗剪突然失效，而是拥有良好延性。综合考虑以上有利因素，折减系数调整为 0.82，介于 ACI318 规范的抗弯强度折减系数和抗剪强度折减系数之间。经验上，混凝土梁平均有效压应力可控制在 $3 \sim 5$ MPa，不宜超过混凝土抗压强度设计值的 0.5 倍，预应力筋配筋率约为 $0.25\% \sim 0.4\%$。

3.4.3　构件承载力验算与配筋设计

（1）预应力混凝土结构构件在地震作用效应和其他荷载效应的基本组合下，进行截面抗震验算时，应加入预应力作用效应项。当预应力作用效应对结构不利时，预应力分项系数应取 1.2；有利时应取 1.0。

（2）PPEFF 体系的抗震等级和地震效应调整系数应按《预应力混凝土结构抗震设计规程》JGJ 140—2004 和《建筑抗震设计规范》GB 50011—2010（2016 版）相关规定确定。

（3）构件的承载力抗震调整系数 γ_{RE} 应按表 3-4 取用。

承载力抗震调整系数表　　　　　　　　　　　　　　　表 3-4

结构构件	受力状态	γ_{RE}
梁	受弯	0.75
轴压比小于 0.15 的柱	偏压	0.75
轴压比不小于 0.15 的柱	偏压	0.80
框架节点	受剪	0.85
各类构件	受剪、偏拉	0.85
局部受压部位	局部受压	1.00

【说明】 引自《预应力混凝土结构抗震设计规程》JGJ 140—2004。

（4）梁端截面在负弯矩作用下的抗弯承载能力计算可按《混凝土结构设计规范》GB 50010—2010（2015 版）中 6.2.10 规定，按矩形截面计算，不考虑楼板混凝土和钢筋作用。当预应力钢筋处于截面受拉区时，可近似取预应力筋的应力为设计有效初始预应力（一般取 $0.55 \sim 0.65$ 倍 f_{ptk}）。

（5）梁端截面在正弯矩作用下的抗弯承载能力计算可按《混凝土结构设计规范》GB 50010—2010（2015 版）中 6.2.11 规定或《无粘结预应力混凝土结构技术规程》JGJ 92—2016 相关规定计算。应考虑楼板混凝土作用按 T 形截面计算。

【说明】 第 2 章节点试验结果与规范公式结果对比见表 3-5，可见规范公式对中节点的计算与试验值比较接近，对边节点有较大的低估。现浇节点的规范公式计算未考虑伸入梁柱节点的梁腰筋的作用，因此与试验结果相比有一定降低。

试验结果与规范公式结果对比表　　　　　　　表 3-5

编号	方向	规范公式计算结果 M_y(kN·m)			试验结果(kN·m)		(D)/ (A)	(D)/ (B)	(D)/ (C)
		设计值(A)	标准值(B)	实测值(C)	屈服点(D)	峰值点(E)			
现浇 中节点 A1	负弯矩	148.7	165.3	191.4	247.0	250.5	1.66	1.49	1.29
	正弯矩	66.1	73.4	80.4	137.1	139.9	2.07	1.87	1.71
现浇 边节点 B1	负弯矩	148.7	165.3	191.4	226.5	326.6	1.52	1.37	1.18
	正弯矩	66.1	73.4	80.4	157.0	183.0	2.38	2.14	1.95
PPEFF 中节点 A3	负弯矩	177.0	215.9	258.8	300.0	323.0	1.69	1.39	1.16
	正弯矩	199.6	—	—	234.7	262.4	1.18	—	—
PPEFF 边节点 B3	负弯矩	138.0	165.0	195.0	263.3	284.4	1.91	1.60	1.35
	正弯矩	199.6	—	—	275.0	319.6	1.38	—	—

注：1. 表中数据均考虑了楼板及楼板中钢筋的作用。

　　2. 表中规范公式计算结果的标准值和实测值指材料强度参数分别取标准值和实测值进行计算。

（7）持久设计状况下梁端接缝处的直截面抗剪承载力可按式（3-2）计算：

$$V_R = \mu A_p \sigma_{pe} \qquad (3-2)$$

式中　V_R——梁端接缝抗剪承载力设计值；

　　　μ——摩擦系数，取 0.6；

　　　A_p——穿过结合面的预应力筋面积；

　　　σ_{pe}——考虑损失后预应力筋的有效应力。

此外，梁端耗能钢筋面积还应满足式（3-3）：

$$A_s f_{ykv} \geqslant V_D + V_L \qquad (3-3)$$

式中　A_s——耗能钢筋面积；

　　　f_{ykv}——耗能钢筋抗剪承载力标准值，可取 $0.5 f_{yk}$；

V_D+V_L——标准组合（恒+活）下梁端剪力。

【说明】 此处参考 ACI 550-13 式 7.4.1。当耗能钢筋不满足要求时，可适当增加抗剪钢筋以满足此式。

（8）地震设计状况下梁端接缝处的直截面抗剪承载力可按式（3-4）计算：

$$V_{RE}=\mu C \tag{3-4}$$

式中 V_{RE}——地震作用下梁端接缝抗剪承载力设计值；

μ——摩擦系数，取 0.6；

C——结合面混凝土产生的压力。

（9）梁端斜截面抗剪承载力验算应满足《混凝土结构设计规范》GB 50010—2010（2015 版）中 6.3 斜截面承载力计算的规定。

（10）梁跨中截面抗弯承载力验算和抗剪承载力验算应按照《预应力混凝土结构设计规范》JGJ 369—2016 中对有粘结预应力梁承载力相关规定执行。梁跨中截面抗弯承载力设计值的计算要考虑有粘结预应力筋的作用、考虑楼板有效翼缘宽度的作用。

【说明】 对于带叠合层的 SP 预应力空心楼板，当翼缘有效宽度范围内空心板采取灌实措施时，梁翼缘厚度可取楼板总厚度；对于现浇楼板或普通钢筋桁架叠合板，翼缘厚度取实际板厚。

（11）框架梁跨中截面受弯承载力计算时，跨中截面正弯矩设计值不应小于竖向荷载作用下按简支梁计算的跨中弯矩设计值的 75%。

（12）"强柱弱梁"验算应按《建筑抗震设计规范》GB 50011—2010（2016 版）第 6.2.2 条规定执行。

（13）梁柱节点核心区的抗震受剪承载力验算应按《混凝土结构设计规范》GB 50010—2010（2015 版）中的第 11.6 节规定执行。

3.4.4 梁配筋构造要点

（1）梁跨中下部纵向普通钢筋面积最小值，应符合式（3-5）：

$$A_s \geqslant \frac{1}{6}\left(\frac{f_{py}h_p}{f_y h_s}\right)A_p \tag{3-5}$$

（2）框架梁下部普通钢筋可按通长钢筋＋附加钢筋的形式设置（图 3-8）。附加

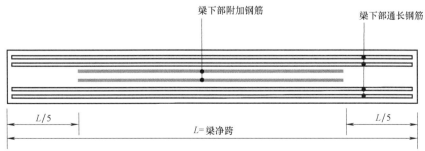

图 3-8 梁下部纵筋构造

钢筋可在梁净跨 1/5 位置处截断。下部通长钢筋依据箍筋肢数构造设置，根数不少于 2 根，直径不小于 12mm，通长钢筋面积不小于跨中实配钢筋面积的 1/5。

（3）梁端耗能钢筋可只伸至 1/3 梁净跨位置，且耗能钢筋长度不小于 40 倍的耗能钢筋直径；梁跨中上部设构造钢筋与耗能钢筋搭接，搭接长度按较小钢筋直径计算。

（4）梁跨中上部钢筋按构造配置，根数不少于 2 根，直径不小于 12mm，跨中上部钢筋面积不应小于梁端耗能钢筋面积的 1/5。

（5）当梁的净跨度大于 3m 时，跨中预应力筋应设有粘结段。梁跨中预应力筋有粘结段的长度应大于预应力筋的锚固长度。预应力筋的锚固长度应根据《混凝土结构设计规范》GB 50010—2010（2015 版）中 8.3 规定计算。

3.5 结构抗震性能评估

3.5.1 结构性能目标选择

结构的性能化设计目标及方法可按照《建筑抗震设计规范》GB 50011—2010（2016 年版）附录 M 进行。对于建筑抗震类别为丙类的工程，如业主无特殊要求，其性能目标主要控制点为：罕遇地震时钢绞线应力不超过 $0.95f_{ptk}$；结构的层间位移角限值符合《建筑抗震设计规范》GB 50011—2010（2016 年版）要求。其他性能目标可参考表 3-6 设置。

丙类建筑抗震性能目标表　　　　　　　　　　　　　表 3-6

性能项		多遇地震	设防地震	罕遇地震
《抗规》性能状态（性能 4）		完好	轻～中等损坏	不严重损坏
层间位移角		$h/550$	$1/185$	$h/56$
框架柱	混凝土应变限值	0.002	0.005	0.03
	钢筋应变值	f_y/E_s	0.03	0.072
框架梁	钢绞线应变限值	$0.7f_{ptk}$ 相应应变	0.011	$0.95f_{ptk}$ 相应应变
	受压区混凝土应变限值	0.002	0.01	0.05
	耗能钢筋应变限值	f_y/E_s	0.03	0.072

【说明】　表 3-6 中，层间位移角指标在多遇地震和罕遇地震作用下的限值和《建筑抗震设计规范》GB 50011—2010（2016 年版）的要求相同，设防地震作用下的层间位移角限值 1/185，能保证 PPEFF 梁端耗能钢筋不屈服[39]，但考虑到实际工程中 PPEFF 节点常与其他现浇节点共同使用，因此按规范执行；混凝土和普通钢筋的应变指标，参考文献 [40] 表 3-8 和文献 [41] 确定；钢绞线的性能目标，参考国外相关研究[42] 建议多遇地震时钢绞线应力不宜超过 $0.7f_{ptk}$，设防地震时钢绞线应力不

超过 0.011 应变对应的应力，罕遇地震时钢绞线应力不应超过 $0.95f_{ptk}$。

3.5.2 结构精细化有限元分析模型

本节将以 PERFORM-3D 软件为例介绍 PPEFF 体系结构精细化有限元分析模型的建立。

实际工程中的构件数量庞大，如果采用微观单元（实体或壳单元）的有限元分析方法进行弹塑性分析，整个计算过程将耗费大量时间与计算成本，因此除非局部构件及小型结构采用微观单元法以外，对于整体结构的弹塑性分析普遍采用宏观单元模型。PERFORM-3D 的宏观单元模型包括：基于柔度法的梁柱纤维单元、塑性铰单元，纤维剪力墙单元（其理论近似于 MVLEM 单元），黏滞阻尼器单元、节点单元等[33]。从工程应用角度讲，PPEFF 体系的弹塑性有限元模型主要采用纤维梁柱单元、索单元即可。

PPEFF 体系的塑性损伤主要集中在梁柱接缝处和柱端弯矩较大处，通过对已经完成的节点试验的数值模拟对比分析[32]，提出了图 3-9 所示的满足工程设计精度要求的弹塑性分析模型。

该模型中梁和柱的塑性行为均通过集中布置的纤维梁（柱）单元来模拟，梁采用一维纤维单元（考虑有效翼缘宽度范围内楼板混凝土的作用），柱采用二维纤维单元（图 3-10），PERFORM-3D 程序可通过定义的材料本构关系自动确定截面的塑性特性。梁柱节点区塑性变形很小，使用弹性刚度放大的方法考虑节点区刚域。梁柱中间段采用弹性段，节点区刚域、纤维梁（柱）单元、梁（柱）弹性段拼接形成 PERFORM-3D 软件中的梁（柱）组件。无粘结预应力钢绞线采用分离式的索单元模拟，根据工程实际构造分别与梁柱中心节点或梁跨中心节点共节点，如钢绞线在柱端锚固，则索单元在此端与梁柱中心节点共节点，如钢绞线在梁跨中设置有粘结段，则索单元与此梁跨中心节点共节点，如图 3-9 所示。

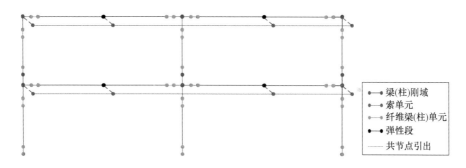

图 3-9 PERFORM-3D 弹塑性有限元模型示意图

在建立精细化有限元模型时，还需注意以下几点：

（1）梁构件的弹性段应根据实际情况考虑楼板的有效翼缘作用。一般情况下，对

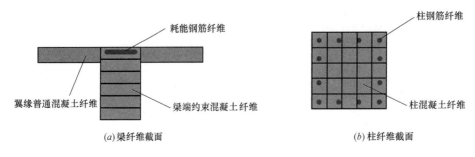

(a)梁纤维截面   (b)柱纤维截面

图 3-10   梁柱纤维截面示意图

于中梁可将梁矩形截面的抗弯刚度放大 2 倍，对于边梁可将梁矩形截面的抗弯刚度放大 1.5 倍。

（2）梁柱节点区刚域段的长度，梁端可取柱子对应方向宽度的 0.5 倍，柱端可取节点区梁高平均值的 0.5 倍。

（3）PERFORM-3D 纤维截面沿长度方向的积分方案不是采用固定积分点的 Gauss-Lobotto 积分方案，而是采用自定义长度求和积分方案[33]，用户需要自定义每个纤维单元的积分长度（图 3-11）。一般情况下，梁端纤维截面的积分长度可取框架梁耗能钢筋的实际无粘段长度（通常 200～300mm）；柱端纤维截面的积分长度可取$L_p=0.5D$（D 表示柱子的有效宽度）[43,44]。

（4）由于梁柱节点区开合会引起梁总长度的伸长和钢绞线应力的变化，在建立弹塑性模型时不可施加楼板平面内无限刚约束。

图 3-11   梁柱集中纤维截面积分长度示意

3.5.3   多遇地震下的性能评估

按上节 PERFORM-3D 模型建立的精细有限元分析模型，进行多遇地震作用下振型分解反应谱法或时程分析法的整体分析。

多遇地震下的结构性能判定，可采用简易判定方法或全面判定方法进行。

1）简易判定方法

多遇地震作用下，结构需同时满足以下 3 个条件，可采用简易判定方法。如不满足预定的性能目标，或过于保守，则修改原设计进行再次评估。

（1）可比条件下，结构的基本周期与本章 3.4 节模型计算的结构基本周期相差 15％以内。

（2）可比条件下，结构的总基底剪力与本章 3.4 节模型计算的总基底剪力相差小于15%以内。

（3）结构钢筋应处于弹性状态，且钢筋应力不应超过其标准值或设计值（分别对应作用荷载的设计值或标准值）。

【说明】 可比条件下，指结构荷载（设计值或标准值）、截面、阻尼比、计算方法（振型分解反应谱法或时程分析法）、质量分布模式、楼板假定一致的条件下。基于 PERFORM-3D 模型建立的精细有限元分析模型与本章 3.4 节模型不同，其截面刚度考虑了钢筋的贡献，混凝土也不是线弹性模型，两者计算结果会有差异。

2）全面判定方法

除满足简易判定方法外，应根据精确模型计算的结果（不考虑地震作用效应调整）对所有构件和节点按相关规范进行弹性状态判定和正常使用极限状态判定。

【说明】 PPEFF 体系作为一种新体系，实际工程应用一般要求做罕遇地震下的性能评价，因此要求多遇地震下的性能评价直接采用与罕遇地震评价一致的精细仿真分析模型。考虑到在配筋初选的过程中，已经进行了结构和构件的计算，一般来讲采用简易判定方法即可保证结构满足"小震不坏"的性能要求，不必采用全面的判定方法。

3.5.4 设防地震下的性能评估

如有需要，PPEFF 体系可以采用本书 3.5.2 节的精细化模型，按《建筑抗震设计规范》GB 50011—2010（2016 版）3.10 节和附录 M 中的规定进行设防地震下的性能评估。

3.5.5 罕遇地震下的抗震性能评估

（1）按我国目前抗震设计规范"三水准，两阶段"的设计要求。PPEFF 体系作为一种新型体系，现阶段均要求进行第二阶段罕遇地震下的弹塑性分析，检验结构薄弱部位的弹塑性层间变形是否满足要求，以实现第三水准"大震不倒"设防要求。

（2）对于结构振动以第一振型为主、基本周期在 2s 以内的结构，可采用静力弹塑性方法（Pushover）进行罕遇地震分析验算。当较高振型为主要时，应补充罕遇地震下的时程分析。

（3）罕遇地震作用下弹塑性分析主要考察楼层位移角、梁柱出铰顺序、关键部位应变等参数是否满足预期的性能目标。如性能不满足，应对结构进行修改，并重新评估。

（4）PPEFF 体系罕遇地震下的弹塑性分析宜采用 PERFORM-3D 或 OpenSees 分析平台进行。其他分析平台及分析参数应先与试验结果进行对比验证，符合要求后方可使用。

【说明】 本书前面章节介绍了之前的研究成果，建立了 PPEFF 体系的 PER-FORM-3D、OpenSees 和 Abaqus 平台的分析模型并进行了试验验证。从工程应用角度出发，PERFORM-3D平台建模、分析及结果处理较为方便。

3.6 主要节点与构造设计

3.6.1 预制梁构造

（1）预制梁端面应设置粗糙面或键槽（图3-12）。预制梁中的金属波纹管一般伸出梁端面5mm，以便于安装过程中预应力孔道密封。预制梁与现浇混凝土叠合层之间的结合面应设置粗糙面，粗糙面凹凸深度不应小于6mm。

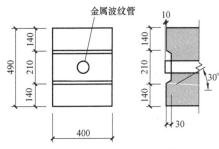

图3-12 预制梁端面设置键槽示意

（2）预制梁全长范围内的箍筋宜采用整体封闭箍筋，封闭箍筋的弯钩应位于预制梁下部，梁上部纵筋与预制梁箍筋临时绑扎后出厂（图3-13）。除满足现行《建筑抗震设计规范》GB 50011—2010的相关要求外，预制梁应在端部预制混凝土内再增加设置箍筋集中加密区（图3-13），集中加密区内箍筋间距不宜小于50mm，集中加密区长度不宜小于500mm和梁预制部分的高度中的较大值。

（3）耗能钢筋顶部应比梁箍筋下边缘低10～15mm，以方便施工现场安装耗能钢筋。

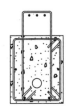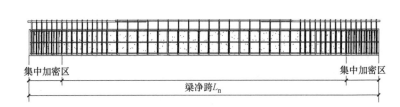

图3-13 预制梁箍筋构造示意图

3.6.2 预制柱构造

（1）柱纵向受力钢筋直径不宜小于20mm，纵向受力钢筋的间距不宜大于200mm且不应大于400mm。柱的纵向受力钢筋宜集中于四角配置且宜对称布置。柱中可设置纵向辅助钢筋，其直径不宜小于12mm和箍筋直径的较大值；当正截面承载力计算不计入纵向辅助钢筋时，纵向辅助钢筋可不伸入框架节点，如图3-14所示。

（2）预制柱一般2～3层一段，分段应考虑预制构件生产和安装阶段吊重的限制。

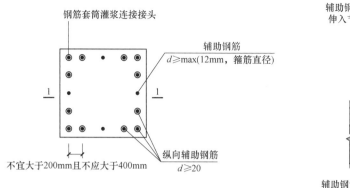

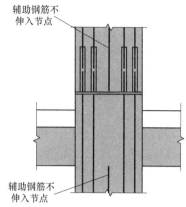

图 3-14 柱纵筋间距要求

分段间接缝处纵向受力钢筋宜采用套筒灌浆连接，接缝位置宜设置在楼面标高或楼面标高以上 200～500mm 范围内，接缝厚度可取 20mm，并应采用强度不低于预制柱的高强灌浆料填实。

（3）抗震设防地区高层建筑底部加强层区域，梁、柱、墙及支撑的塑性铰区域当采用钢筋套筒灌浆连接时，宜采用全灌浆钢筋套筒连接。

（4）预制柱的底部应设置抗剪凹槽，可不设置粗糙面，柱顶宜设置粗糙面，粗糙面的面积不宜小于结合面的 80%，粗糙面凹凸深度不应小于 6mm。底部设置抗剪凹槽的预制柱和截面较大的预制柱，应设置排气孔，孔直径不宜小于 40mm，如图 3-15 所示。

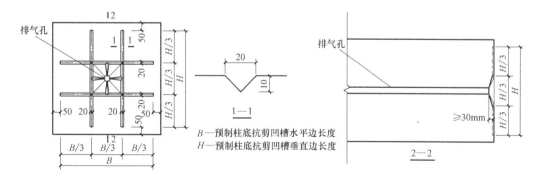

图 3-15 柱底键槽、排气孔构造

（5）预制柱箍筋应在柱子续接处加密，箍筋加密长度不应小于纵向受力钢筋连接区域长度与 500mm 之和，连接套筒上端第一道箍筋距离套筒顶部不应大于 50mm（图 3-16）。

（6）预制柱接缝处套筒灌浆连接，宜采用"钢筋灌浆套筒连接单孔集中灌浆施工工法"[45]，施工效率高，操作简便，质量可靠。单孔集中注浆口，注浆口直径不宜小

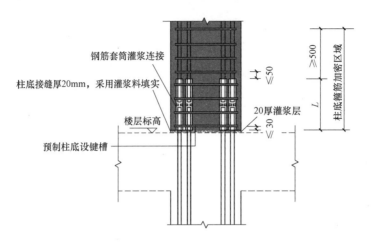

注：1. 图中L为灌浆套筒的长度。
2. 矩形柱截面宽度或直径不宜小于400mm，且不宜小于同方向梁的1.5倍。

图 3-16 柱底箍筋加密区域构造示意

于 40mm，集中注浆口宜高于灌浆套筒排浆口≥300mm 以上，如图 3-17 所示。

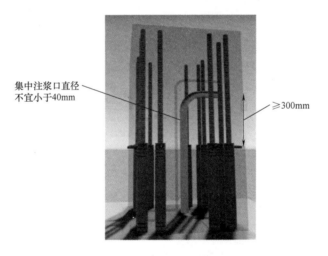

图 3-17 集中注浆口设置示意图

3.6.3 梁柱节点

（1）本体系标准框架梁柱节点构造如图 3-18 所示。预制梁端上部负弯矩筋与预制柱内预埋的钢筋通过等强直螺纹连接套筒相连，连接接头应达到Ⅰ级接头要求。梁端上部钢筋在柱外侧应设置无粘结段，无粘结段长度一般为 200～300mm，无粘结段起始端应距梁端部 2～4d（d 为钢筋直径）。梁端上部钢筋无粘段区间应通过机械车削加工，使钢筋截面积削弱 10%～20%，钢筋削弱段与非削弱段应进行光滑过渡，防止应力集中，见图 3-19。

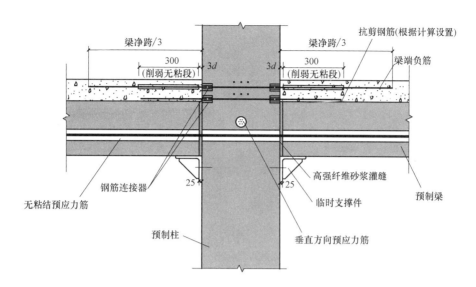

(a) 梁柱中节点

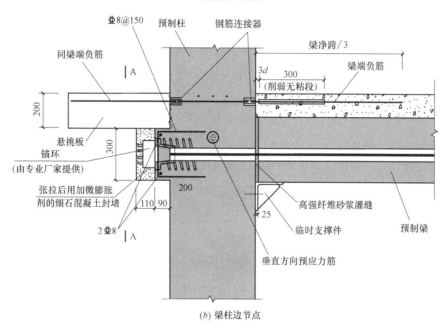

(b) 梁柱边节点

图 3-18 框架梁柱节点标准构造

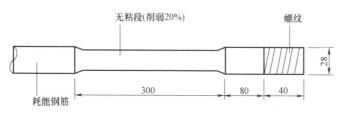

图 3-19 梁端上部钢筋削弱示意图

（2）耗能钢筋削弱及无粘结处理要点：耗能钢筋削弱可以沿钢筋圆周均匀切削，也可以沿截面对称切削成其他截面形状；切削段与未切削段应设置不小于1∶4的平滑过渡，以避免应力集中。切削后的截面应尽快用塑料胶带密封，防止锈蚀并兼顾隔离与混凝土的粘结，如图3-20所示。

(a) 耗能钢筋削弱

(b) 耗能钢筋无粘处理

图 3-20　耗能钢筋削弱及无粘结处理示意

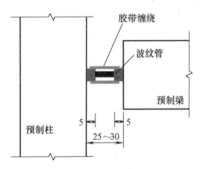

图 3-21　梁柱接缝波纹管对接示意图

（3）梁柱接缝宽度宜为 $25\sim30\text{mm}$，接缝处金属波纹管伸出预制柱或梁端面 5mm，金属波纹管对接后采用胶带缠绕密封（图3-21）。

（4）顶层梁柱节点可采用刚接构造，也可采用铰接构造。当采用刚接构造时，为了保证顶层柱纵向钢筋锚固长度，顶层预制柱宜伸出屋面，柱内纵向钢筋伸至柱顶采用锚固板形式锚固，锚固长度不小于 $0.6L_{aE}$（图3-22）。

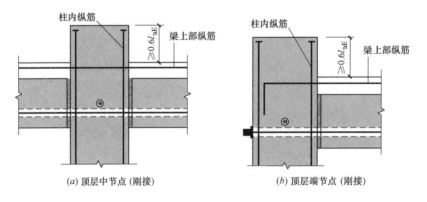

(a) 顶层中节点（刚接）　　　　　(b) 顶层端节点（刚接）

图 3-22　顶层梁柱节点构造示意图

3.6.4　柱脚节点

（1）底层柱脚节点可采用杯口插入式节点（图3-23）、有低损伤性能要求的节点

（图 3-24）和外包钢板低损伤节点（图 3-25）。杯口插入式节点适用于中低烈度区建造的低多层框架结构；有低损伤性能要求的节点适用于中高烈度区建造的高层框架结构；外包钢板低损伤节点延性最好，适用于高轴压比且有低损伤性能要求的高层框架结构。

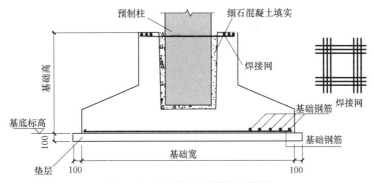

图 3-23　杯口插入式节点示意图

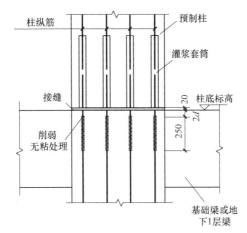

图 3-24　基础钢筋耗能型节点示意图

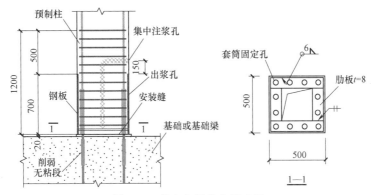

图 3-25　外包钢板节点示意图

（2）对于有低损伤性能要求的柱脚，其基础插筋可按以下要求进行无粘结局部削弱处理[18]：无粘结段长度一般为 200～300mm，无粘结段起始端应距基础顶面 2～

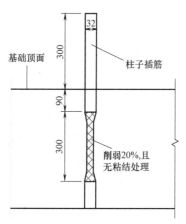

图 3-26 柱底插筋局部处理示意图

4d（d 为钢筋直径）。无粘段进行机械车削加工，使其截面积削弱 10%～20%，耗能钢筋削弱可以沿钢筋圆周均匀切削，也可以沿截面对称切削成其他截面形状；切削段与未切削段应设置不小于 1：4 的平滑过渡，以避免应力集中。切削后的截面应尽快用塑料胶带密封，防止锈蚀并兼顾隔离与混凝土的粘结（图 3-26）。

（3）适用于高轴压比且有低损伤性能要求的外包钢板柱脚其构造要求如下[19]：外包钢板的高度宜为柱截面最大边长的 1.2～1.5 倍；钢板厚度可按《钢管混凝土技术规范》GB 50936—2014 规定取套箍系数为 0.5～2.0 计算选取；钢板下端部应距离基础顶面 20～30mm，不宜与基础直接接触承担竖向荷载；外包钢板内宜设置加劲肋以增强对柱脚混凝土的约束效果。

3.6.5 梁板连接节点

（1）当采用带叠合层的大跨度预应力空心板时，其板端方向与梁连接时根据板跨度不同需要 55～100mm 的搁置长度，框架梁叠合层部分的箍筋可内收处理（图 3-27a）；大跨度预应空心板板侧不应支撑于梁上，与梁侧边平齐即可（图 3-27b）。

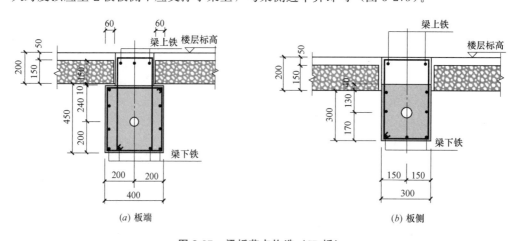

(a) 板端   (b) 板侧

图 3-27 梁板节点构造（SP 板）

（2）带叠合层的预应力空心板板端四周与支撑梁应用构造拉结钢筋，以增加楼板的整体性。拉结钢筋在板端可锚于空心板板缝或板孔（板孔需灌实）内，拉结钢筋在板侧可跨过首块板顶面向下弯折锚于板缝（图 3-28）。

（3）预应力空心板之间的连接，预应力空心板与梁之间的连接以及板开洞的构造措施尚应符合国家标准图集《预应力空心板图集》05SG408SP 的规定。

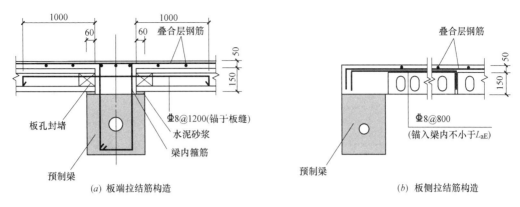

(a) 板端拉结筋构造

(b) 板侧拉结筋构造

图 3-28 预应力空心板周边拉结构造示意

（4）当楼板采用钢筋桁架叠合板时，板端与板侧方向宜伸入叠合梁宽范围内 1cm，如图 3-29 所示。

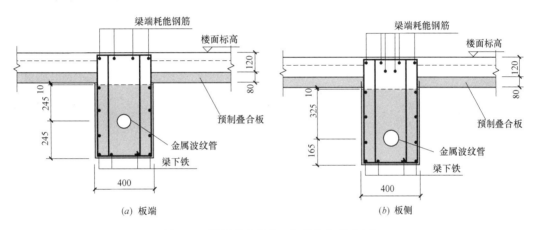

(a) 板端

(b) 板侧

图 3-29 梁板节点构造（钢筋桁架叠合板）

第 **4** 章 ▶▶▶

PPEFF体系生产施工指南

4.1 项目整体实施策划

PPEFF 体系项目开工前应进行整体施工与生产实施策划，除常规的场地平面布置、工期计划安排、主要吊装设备及施工机具安排、劳动力组织、安全文明施工等内容外，重点关注如下内容：

（1）PPEFF 体系的预制柱为跨越多层的多节柱，其重量较大，需系统考虑策划生产工厂、运输和安装现场的吊装及储运能力。当局部条件不满足时，也可拆分为每层一节的预制柱。

（2）施工现场 100km 范围内，PPEFF 体系预制梁、板和柱的供货能力。预制梁与预制柱的生产条件要求不高，当施工现场附近没有规模化的预制构件工厂时，可以考虑在施工现场内或附近搭建或租赁临时工厂来满足生产制作要求。预应力空心板、预应力混凝土钢管桁架叠合板、钢筋桁架叠合板或钢楼承板需结合设计和使用要求，根据施工现场附近的生产和供货能力进行安排或调整。

（3）预应力专项施工分包单位需提前安排选择，以方便提前确定预应力锚头、锚具规格型号及施工条件，方便整体施工方案部署和深化设计推进。

（4）钢纤维、波纹管、钢筋连接器、钢筋连接套筒及灌浆料和 HRB500 级钢筋等 PPEFF 体系的常用原材料的采购及进厂检验等工作。

（5）施工安装阶段 PPEFF 体系应进行的施工阶段模拟仿真，以准确分析预应力损失、施工阶段各构件的张拉位移与变形。

（6）专项施工方案应包括：梁、板、柱吊装安装专项方案、预应力专项施工方案、钢筋套筒灌浆连接专项施工方案。

（7）PPEFF 体系施工涉及主体结构梁、柱吊装与安装，预制板安装，梁柱接缝灌浆，预应力张拉，施工现场钢筋绑扎、楼层混凝土浇筑、柱底钢筋套筒灌浆连接和预应力孔道灌浆施工等众多环节，应统筹好各工序与工作面，安排好施工工序间歇，形成穿插流水高效施工。

（8）PPEFF 体系的主要施工技术间歇有：柱底套筒灌浆连接技术间歇、预应力张拉梁柱接头灌浆技术间歇、预应力穿筋张拉技术间歇。

4.2 深化设计要点

预制构件深化设计应结合工程全专业施工图、工厂生产条件、运输条件和现场安装条件进行。深化设计时，应根据本节所述要点进行。

4.2.1 一般要求

PPEFF体系预制构件深化设计应注意以下要点：

（1）应依据工厂吊车吊重、模台尺寸、现场塔吊吊装范围等因素，合理确定预制构件重量，制定详细的构件拆分方案；

（2）宜采用三维建模出图软件进行建模出图，并进行预拼检查，避免错误发生。

（3）深化设计文件应符合施工图阶段设计文件的要求，原则上应经施工图设计工程师认可后方可实施。

（4）深化设计文件一般包括：图纸目录、设计说明、预制构件布置图、预制构件加工详图、通用详图、与预制构件现场安装相关的施工验算资料等。图纸目录应按图纸序号排列，典型深化设计文件目录如表4-1所示。

图号	图名	图幅	图号	图名	图幅
PC1-01	装配整体式混凝土设计专项说明	A1	PC3-01	YKL1-1 加工详图	A3
PC1-02	地下一层柱、外墙挂板平面布置图	A1+1/4	PC3-02	YKL1-1-Y1 加工详图	A3
PC1-03	一层柱、外墙挂板平面布置图	A1+1/4	PC3-03	YKL1-1-Y2 加工详图	A3
PC1-04	二层柱、外墙挂板平面布置图	A1+1/4	PC3-04	YKL2-1 加工详图	A3
PC1-05	三层柱、外墙挂板平面布置图	A1+1/4	PC3-05	YKL2-2 加工详图	A3
PC1-06	四层柱、外墙挂板平面布置图	A1+1/4	PC3-06	YKL2-3 加工详图	A3
PC1-07	五层柱、外墙挂板平面布置图	A1+1/4	PC3-07	YKL2-3-Y 加工详图	A3
PC1-08	顶层外女儿墙平面布置图	A1+1/4	PC3-08	YKL2-4 加工详图	A3
PC1-09	一层叠合梁、板平面布置图	A1+1/4	PC3-09	YKL2-5 加工详图	A3
PC1-10	二层叠合梁、板平面布置图	A1+1/4	…	…	
PC1-11	三层叠合梁、板平面布置图	A1+1/4			
PC1-12	四层叠合梁、板平面布置图	A1+1/4	PC4-01	YB1 加工详图	A3
PC1-13	五层叠合梁、板平面布置图	A1+1/4	PC4-02	YB2 加工详图	A3
PC1-14	顶层叠合梁、板平面布置图	A1+1/4	PC4-03	YB3 加工详图	A3
PC1-15	节点详图	A1	PC4-04	YB4 加工详图	A3
PC1-16	配件详图（一）	A2	PC4-05	YB5 加工详图	A3
PC1-17	配件详图（二）	A2	PC4-06	YB6 加工详图	A3
			PC4-07	YB7 加工详图	A3
PC2-01	YZ1a 加工详图	A3	…	…	
PC2-02	YZ1a-Y 加工详图	A3			
PC2-03	YZ1aR 加工详图	A3	PC5-01	YWQB1 加工详图	A3
PC2-04	YZ1b 加工详图	A3	PC5-02	YWQB2 加工详图	A3
PC2-05	YZ1b-Y 加工详图	A3	PC5-03	YWQB3 加工详图	A3
PC2-06	YZ1c 加工详图	A3	PC5-04	YWQB4 加工详图	A3
PC2-07	YZ1d 加工详图	A3	PC5-05	YWQB5 加工详图	A3
PC2-08	YZ1e 加工详图	A3	…	…	
…	…				

××工程预制构件深化图目录　　　　　　　　表4-1

4.2.2　多层预制柱

多层预制柱深化设计时，应注意如下要点：

（1）多层预制柱一般 2～3 层一节，常规条件下每节长度不宜超过 12m，每节重量不宜超过 10t，预制柱分节位置可取楼层标高以上 100～500mm 范围内。

（2）对于多层预制柱应进行专门的脱模、吊装、翻身和运输阶段验算，必要时在深化设计文件中限定预制柱翻身和吊装的方式。

（3）应根据构件重量合理预设脱模、吊装和支撑用埋件；预制柱应预埋施工阶段用于支撑及矫正柱身垂直度的撑杆预埋件；预制柱应预埋施工阶段用于支承预制梁的临时钢牛腿埋件。

（4）多层柱间连接宜选用全灌浆套筒；应采用集中注浆工艺，设置集中注浆的高位注浆管道；预制柱的底部应设置抗剪凹槽，且不需设置粗糙面，柱顶应设置粗糙面，详见第 3 章节点图。

（5）多层柱梁柱节点区与梁上铁续接的钢筋和直螺纹套筒宜采用专用固定架，防止构件振捣过程中偏位。

（6）深化设计文件中应注明预应力波纹管应露出柱子表面 10mm；预制柱表面与预制梁相接部位应设置粗糙面。

（7）预应力孔道至构件边缘的净距离不宜小于 30mm，且不宜小于孔道直径的50％。锚具下承压钢板边缘至构件边缘距离应不小于 40mm。

多层预制柱拆分示例见图 4-1，加工详图示例见图 4-2。

4.2.3　预制叠合梁

预制叠合梁深化设计时，应注意如下要点：

（1）应根据构件重量合理预设脱模、吊装和支撑用埋件。

（2）深化设计文件中应注明预应力波纹管应露出梁端面 10mm，下料时露出长度不少于 100mm，出厂时按图纸进行切割；预制梁端应按设计要求设置粗糙面或键槽。

（3）深化设计文件中应注明预应力波纹管应符合《预应力混凝土用金属波纹管》JG 225—2007 或《预应力混凝土桥梁用塑料波纹管》JTT 529—2016 的要求。

（4）预应力孔道外壁至梁底、梁侧分别不宜小于 60mm 和 50mm，且不宜小于孔道直径的 50％。孔道的内径应比预应力束外径及需穿过孔道的连接器外径大 10～20mm，且孔道的截面积宜为穿入预应力束截面积的 3～4 倍。

梁预应力管道灌浆孔的间距：对预埋金属螺旋管不宜大于 30m；孔道两端应设排气孔。

（5）预制梁上部钢筋宜与构件一同出厂，梁端耗能钢筋外皮应与上侧、左右侧相邻箍筋外皮预留不少于 10mm 的间隙（图 4-3）。

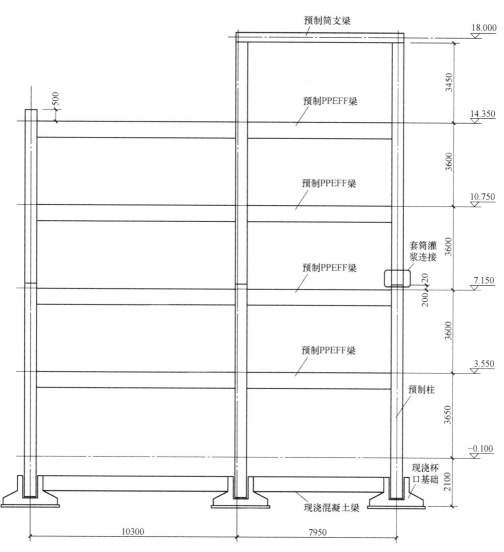

图 4-1　多层预制柱拆分示意

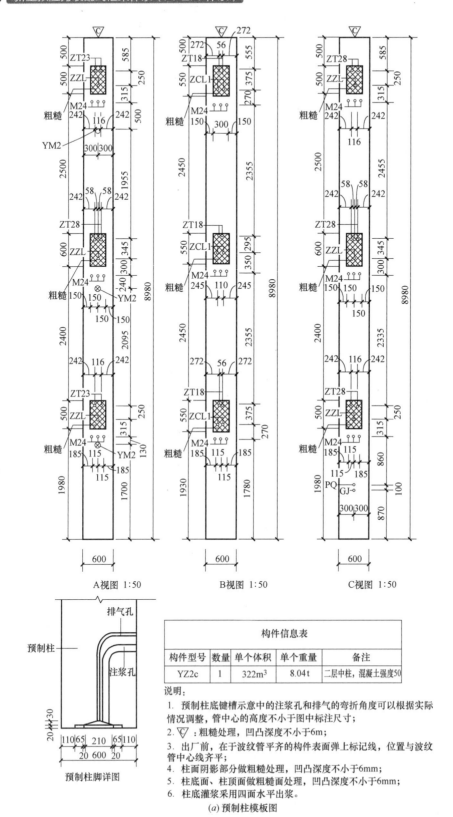

A视图 1:50

B视图 1:50

C视图 1:50

预制柱脚详图

构件信息表				
构件型号	数量	单个体积	单个重量	备注
YZ2c	1	322m³	8.04t	二层中柱，混凝土强度50

说明：

1. 预制柱底键槽示意中的注浆孔和排气的弯折角度可以根据实际情况调整，管中心的高度不小于图中标注尺寸；

2. ▽：粗糙处理，凹凸深度不小于6m；

3. 出厂前，在于波纹管平齐的构件表面弹上标记线，位置与波纹管中心线齐平；

4. 柱面阴影部分做粗糙处理，凹凸深度不小于6mm；

5. 柱底面、柱顶面做粗糙面处理，凹凸深度不小于6mm；

6. 柱底灌浆采用四面水平出浆。

(a) 预制柱模板图

图 4-2 多层预制柱加工详图示意（一）

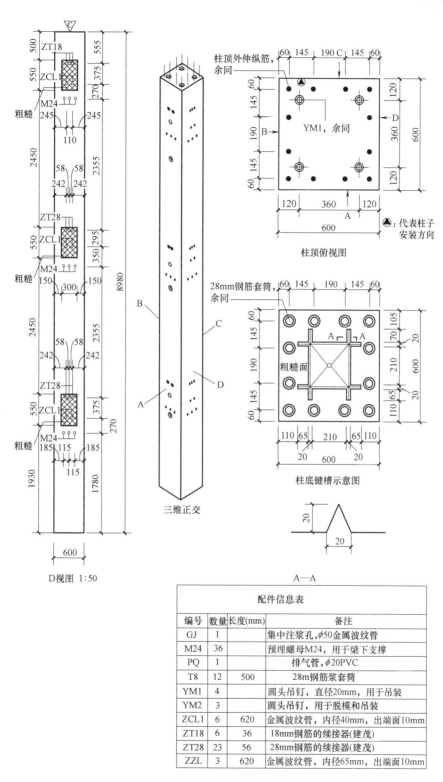

配件信息表			
编号	数量	长度(mm)	备注
GJ	1		集中注浆孔，ϕ50金属波纹管
M24	36		预埋螺母M24，用于梁下支撑
PQ	1		排气管，ϕ20PVC
T8	12	500	28m钢筋浆套筒
YM1	4		圆头吊钉，直径20mm，用于吊装
YM2	3		圆头吊钉，用于脱模和吊装
ZCL1	6	620	金属波纹管，内径40mm，出端面10mm
ZT18	6	36	18mm钢筋的续接器(建茂)
ZT28	23	56	28mm钢筋的续接器(建茂)
ZZL	3	620	金属波纹管，内径65mm，出端面10mm

(a) 预制柱模板图

图4-2 多层预制柱加工详图示意（二）

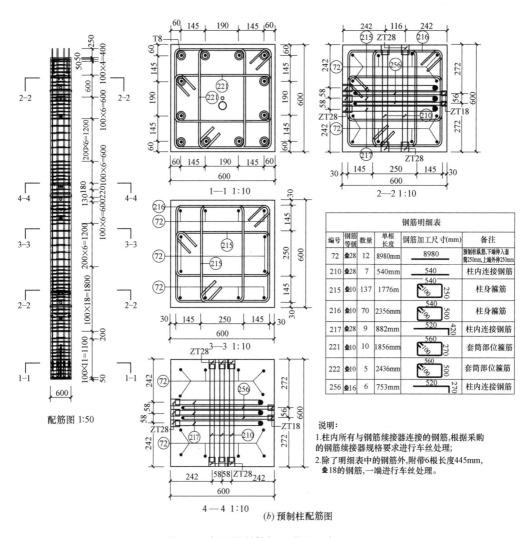

钢筋明细表

编号	钢筋等级	数量	单根长度	钢筋加工尺寸(mm)	备注
72	Φ28	12	8980mm	8980	预制柱纵筋，下端伸入套筒250mm,上端外伸250mm
210	Φ28	7	540mm	540	柱内连接钢筋
215	Φ10	137	1776m	540 / 100 / 250	柱身箍筋
216	Φ10	70	2356m	540 / 100 / 500	柱身箍筋
217	Φ28	9	882mm	520 / 420	柱内连接钢筋
221	Φ10	10	1856mm	560 / 270	套筒部位箍筋
222	Φ10	5	2436mm	560 / 500	套筒部位箍筋
256	Φ16	6	753mm	520 / 270	柱内连接钢筋

说明：
1.柱内所有与钢筋续接器连接的钢筋，根据采购的钢筋续接器规格要求进行车丝处理；
2.除了明细表中的钢筋外，附带6根长度445mm，Φ18的钢筋，一端进行车丝处理。

(b) 预制柱配筋图

图 4-2 多层预制柱加工详图示意（三）

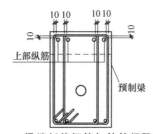

图 4-3 梁端耗能钢筋与箍筋间隙示意

（6）PPEFF 叠合梁内部现浇部分的钢筋，包括耗能钢筋应在预制工厂内加工并绑扎于预制梁上。

（7）PPEFF 预制梁中部宜设置局部与板顶平齐的凸台，用于施工阶段支承回顶上一层预制楼板。

加工详图示例见图 4-4。

4.2.4 预制叠合板

预制预应力空心板应按相关规范及图集要求在端部开孔（槽），预留与梁、柱的连接钢筋。当采用钢筋桁架叠合板时，应采用四面不出筋设计。

4.2.5 其他预制构件

（1）预制楼梯深化设计可参考国标图集《预制钢筋混凝土板式楼梯》15G 367—1进行。

（2）预制 PC 外墙板深化设计可参考国标图集《预制混凝土外墙挂板》08SJ 110—2进行。

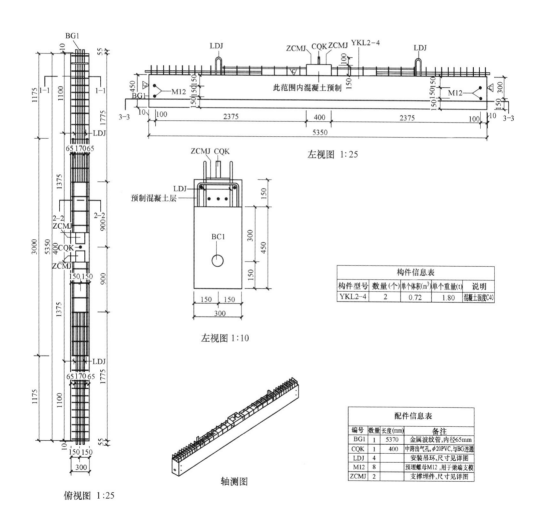

构件信息表			
构件型号	数量(个)	单个体积(m³)	单个重量(t)	说明
YKL2—4	2	0.72	1.80	混凝土强度C40

配件信息表		
编号	数量	长度(mm)	备注
BG1	1	5370	金属波纹管,内径65mm
CQK	1	400	中跨出气孔,φ20PVC,与BG连通
LDJ	4		安装吊环,尺寸见详图
M12	8		预埋螺母M12,用于梁端支模
ZCMJ	2		支撑埋件,尺寸见详图

左视图 1:25

左视图 1:10

俯视图 1:25

轴测图

图 4-4 预制叠合梁深化图示意（一）

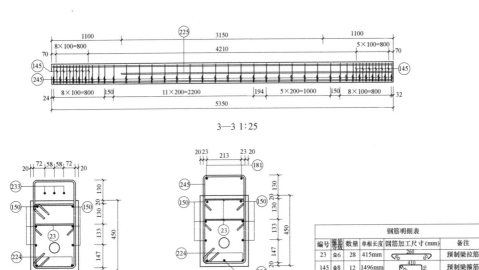

钢筋明细表					
编号	钢筋等级	数量	单根长度	钢筋加工尺寸(mm)	备注
23	⏀6	28	415mm	260	预制梁拉筋
145	⏀8	12	1496mm	410 250	预制梁箍筋
150	⏀12	6	5310mm	5310	预制梁腰筋
181	⏀18	2	3000mm	3000	预制梁上铁
224	⏀12	2	5310mm	5310	预制梁腰筋
225	⏀18	1	3150mm	3150	预制梁上铁
233	⏀28	6	1830mm	1830	预制梁叠合层耗能钢筋
245	⏀8	36	1796mm	560 390	预制梁箍筋

说明:
1. 预制梁混凝土保护层厚度为20mm;
2. ▽ 粗糙面,凹凸深度不小于6mm;
3. 出厂前,在与波纹管平行的构件表面弹上标记线,位置与波纹管中心线平齐;
4. 出厂前,梁顶端的钢筋临时绑扎即可,端头不应伸出混凝土梁端面;
5. 设置波纹管专用排气孔连接OQK的PVC管,确保OQK管不会伸入到波纹管内;
6. 梁内的金属波纹管采取定位措施,确保波纹管水平且定位准确。

图4-4　预制叠合梁深化图示意（二）

4.3　预制梁、柱生产工艺要点

4.3.1　原材料与配件

（1）钢筋、预应力筋原材料应进行进场验收,其质量应符合现行国家标准《钢筋混凝土用钢》GB 1499、《冷轧带肋钢筋》GB 13788 等有关规定。

（2）钢筋进场应按照批次分类码放并注明产地、规格、品种、直径和质量检验状态等,质量证明文件齐全,进场钢筋按规定进行见证取样,其力学性能和重量偏差应符合设计要求及相关标准的规定,检测合格后方可使用。

（3）预应力用的锚具、夹具和连接器,金属螺旋管、灌浆套筒、结构预埋件等配件的外观应无污染、锈蚀、机械损伤和裂纹,应按国家现行有关标准的规定进行进场检验,其性能应符合设计要求或标准规定。

（4）钢筋连接用的灌浆套筒宜采用优质碳素结构钢、低合金钢高强度结构钢、合金结构钢或球墨铸铁制造,其材料的机械和力学性能应分别符合现行相关标准;钢套筒应符合现行行业标准《钢筋连接用灌浆套筒》JG/T 398 的规定;球墨铸铁套筒应满足有关规定要求。

（5）预制梁柱纵向受力钢筋采用预应力连接形式的，受力钢筋浆锚连接的金属波纹浆锚管应采用镀锌钢带卷制而成的双波金属波纹管，其尺寸和性能应符合现行国家行业标准《预应力混凝土用金属螺旋管》JG/T 3013 的规定。金属波纹管应有产品合格证和出厂检验报告。预留孔成孔工艺、孔道形状及长度应满足现行标准规范的要求。

（6）钢筋锚固板材料应符合现行行业标准《钢筋锚固板应用技术规程》JGJ 256 的相关规定。

（7）预制构件钢筋连接用的直螺纹、锥螺纹套筒及挤压套筒接头应符合现行行业标准《钢筋机械连接技术规程》JGJ 107 的相关规定。

（8）预制构件钢筋连接用预埋件、钢材、螺栓、钢筋以及焊接材料应符合现行标准《混凝土结构设计规范》GB 50010、《钢结构设计规范》GB 50017、《建筑钢结构焊接技术规程》JGJ 81、《钢筋焊接及验收规程》JGJ 18 等相关规定。

4.3.2 模具标准化设计与质量控制要点

1. 单个预制叠合梁模具（图 4-5）

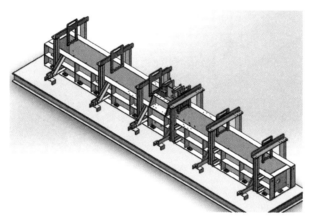

图 4-5 单个预制梁模具

（1）单个预制叠合梁模具，一侧边模筋板底部留缝，利用面板的弹性变形，通过螺栓拉紧的动作实现脱模。

（2）单个预制叠合梁上部钢筋应有钢筋定位工装，根据钢筋的不同分布，设计不同的定位工装。

（3）梁端模具应根据梁端波纹管位置和梁端粗糙面或键槽情况，进行相应配置处理。

2. 单个预制柱模具（图 4-6）

（1）两侧边模筋板均在底部留缝，利用面板的弹性变形，通过螺栓拉紧的动作实现脱模；

（2）预制柱模具涉及牛腿成型模及替换模，设计之初考虑通用性，为了便于单独拆模，宜设计斜连接板。

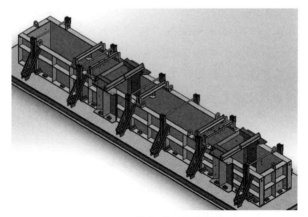

图 4-6　单个预制柱模具

（3）设计了边模拉紧装置，防止胀模。

3. 成组预制梁、柱模具（图 4-7）

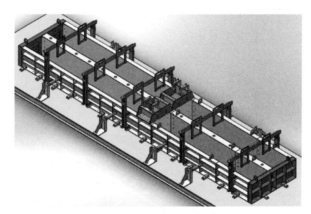

图 4-7　成组预制梁、柱模具

（1）成组预制梁、柱模具，一组模具可同时生产两个构件，共用中间模（固定不动），节省一个边模。

（2）通过液压系统中液压缸的拉力作用对两侧边模实施拆模。

（3）成组模具中成组的数量可根据实际状况进行设计。

4. 预制梁、柱模具边模的模块化设计（图 4-8）

（1）边模长度模数化。基本长度 5m、4m、2m、1m，另设计 0.5m、0.2m 长度的边模，可自由组合成不同长度的梁。各边模采用螺栓连接（每个模块的具体尺寸根据常见项目构件的几何尺寸可以再次进行优化）。

（2）边模高度模块化。基本高度 450mm，另设计 10mm、20mm、50mm、100mm 高度的边模，可自由组合成不同高度的梁。采用螺栓连接。

（3）侧模设计时，应考虑预埋件与加劲板的位置，同时对模具设计图纸进行复核，避免后期模具使用过程中，加劲板与埋件的位置的冲突，同时应考虑侧模与底模

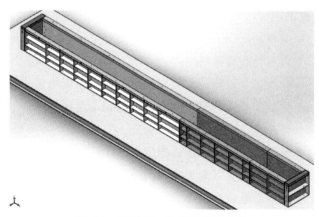

图 4-8 预制梁、柱模具侧模组拼

的连接方式，方便预制构件的拆模。

（4）模具设计时应考虑模具兼用过程中长短边连接的处理，以方便在生产不同几何尺寸的构件时，方便模具的安装及拆卸。

（5）模具配置应结合生产工期、构件类型、构件外形尺寸、生产产能进行归并，制定配模方案（表 4-2）。

预制梁柱模具配模归并方案示例   表 4-2

构件类型	构件编号	数量	配套模具	构件尺寸(mm)			单个体积(m³)	单个重量(t)	混凝土总重(m³)
				横向 b	竖向 h	纵向 L			
预制柱	YZ1a	1	ZM1	600	600	7980	2.873	7.182	2.873
预制柱	YZ1a-Y	1		600	600	7980	2.873	7.182	2.873
预制柱	YZ1aR	2		600	600	7980	2.873	7.182	5.746
预制柱	YZ1b	1		600	600	7980	2.873	7.182	2.873
预制柱	YZ1b-Y	1		600	600	7980	2.873	7.182	2.873
预制柱	YZ1c	1		600	600	7980	2.873	7.182	2.873
预制柱	YZ1d	1		600	600	7980	2.873	7.182	2.873
预制柱	YZ1e	1		600	600	7980	2.873	7.182	2.873
预制梁	YL2-5	2	LM3	300	350	7150	0.751	1.877	1.502
预制梁	YL2-4	2		300	350	5925	0.622	1.555	1.244
预制梁	YL2-1	2		300	350	5650	0.593	1.483	1.186
预制梁	YL2-2	2		300	350	5650	0.593	1.483	1.186
预制梁	YL2-3	2		300	350	4850	0.509	1.273	1.019
预制梁	YKL1-2	7		300	340	6850	0.699	1.747	4.891
预制梁	YKL1-2-Y	1		300	340	6850	0.699	1.747	0.699
预制梁	YKL1-3	1		300	340	6850	0.699	1.747	0.699
预制梁	YKL1-3-Y	1		300	340	6850	0.699	1.747	0.699
预制梁	YKL1-4	4		300	340	2200	0.224	0.561	0.898

5. 质量控制要点

（1）模具设计中应依照配模方案、构件设计图纸进行，模具设计图纸应得到单位技术负责人确认后方可进行后续构件制作。

（2）模具设计应遵循用料轻量化、操作简便化、应用模块化的设计原则。

（3）重复使用次数较多的模具的制作材料宜优先选用钢材或同等强度的材料，所用材料应有出厂合格证并符合国家现行验收标准。

（4）模具应具有足够的强度、刚度、稳定性和平整度，形状和尺寸精确，重复安装精度高，保证在构件生产时能可靠承受浇筑混凝土的重量、侧压力及工作荷载，在运输、存放过程中应采取措施防止变形、受损。

（5）模具应装拆方便，定位可靠，且应便于钢筋安装和混凝土浇筑、养护，满足工厂化大批量生产及蒸养环境。

（6）模具部件与部件之间应连接牢固；预制构件上预埋件均应有可靠固定措施。

（7）柱模具，端模设计时应根据出筋的方式，确保出筋位置和长度，可以通过附加出筋固定工作装置来实现，组模时，采用平推式。

（8）所有材料下料或开孔宜选用激光切割，避免火焰或等离子切割方式，确保加工质量。模具焊接时，要采取消除应力措施，防止在使用中变形，影响使用寿命。

（9）模具进厂后，应对模具进行扭曲、尺寸、翘曲以及平整度的检查，确保各模具加工质量符合国家相关规范要求。

4.3.3 预制梁、柱生产工艺流程

预制梁、柱生产工艺流程见图 4-9 和图 4-10。

4.3.4 模具组装及质量控制要点

（1）模具在模台上组装前，应确保模台表面的清洁质量符合要求，没有混凝土沉积物及其他污渍等，脱模剂喷涂均匀无遗漏，粗糙面应涂刷缓凝剂。

（2）待组装的模具已清理完毕，内表面干净光滑，无混凝土凝固残留物；无任何影响组装质量的变形、损伤出现；如果有变形、损伤严重影响构件的质量，就要对模具进行维修或报废处理。

（3）模具本身如有附带的埋件或其他工装附件等要确保定位准确，无遗失和损坏现象。

（4）根据构件排产计划表，选择构件对应的模具，按照模具装配图，按照组装顺序进行模具组装（图 4-11）。

（5）模具拼装连接、固定或临时支撑牢固、缝隙严密，不得漏浆，拼装时不应损伤接触面，接触面处不应有严重划痕、锈渍和氧化层脱落等现象，确保组装精度要求（表 4-3、表 4-4）。

（6）模具与模台固定可采用螺栓联结固定、磁盒及附件固定等方式，无论采用哪

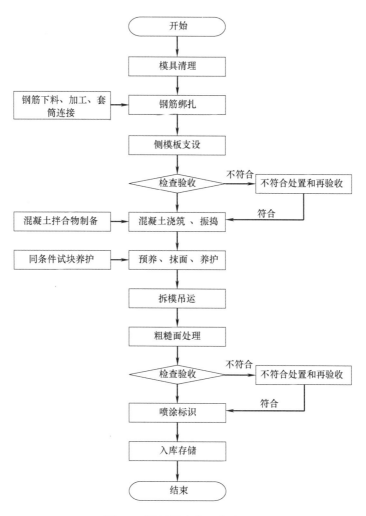

图 4-9 预制梁生产工艺流程图

种方式，应确保联结紧固，在混凝土成形振捣时不会造成模具偏移、漏浆现象。

模具外观质量要求

表 4-3

项次	项 目	质量要求
1	与混凝土接触的清水面拼接焊缝不严密	不允许
2	与混凝土接触的清水面拼接焊缝打磨粗糙	不允许
3	棱角线条不直	≤2mm
4	与混凝土接触的清水面局部凹凸不平	≤0.5mm
5	与混凝土接触的清水面麻面	不允许
6	与混凝土接触的清水面有锈迹	不允许
7	与混凝土接触的部件拼装缝不严密	缝隙≤1mm
8	焊缝长度及高度不足,焊缝开裂	不允许

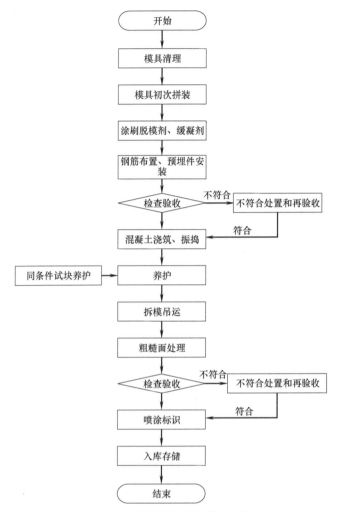

图 4-10 预制柱生产工艺流程图

图 4-11 预制柱模具组装效果示意

模具检验允许偏差 表 4-4

项次	项 目		允许偏差 (mm)	检查方法
1	模内尺寸	长度	±0.5	每一长度方向测一点;用钢尺量
		宽度	±0.5	两端及中部各测一点;用钢尺量
		厚度	±0.5	厚度方向随机抽测两点;用钢尺量
		肋宽	±2	每肋测一点;用钢尺量
2	表面平整度	清水面	1	每一面测一点;用2M靠尺、塞尺量
		非清水面	2	大面测一点;用2M靠尺、塞尺量
3	(清水)相邻平面高差		0.5	每一拼缝处测一点;用钢板尺、塞尺量
4	对角线差	对角线长度差	1.5	长边(短边)不等长时,对角线实测长度 与该对角线的计算长度差值;用钢尺量
		对角线差	1.5	长边(短边)等长时,构件清水外露面测 一点;用钢尺量
5	侧向弯曲		0.5‰	每一侧模测一点;用小线、钢板尺量
6	扭翘		1	每一构件外露大面的模具测一点;用小 线、钢板尺量
7	角度差	侧模垂直度	倾斜1.5	每一侧中部测一点;用钢角尺、钢板尺量
		面与面	±0.005	对角边实测长度除以直角边长度的值与 该对角边计算长度除以直角边长度的差 值;用直角尺量
8	螺栓、销栓 预埋件	中心位移	0.5	每处纵、横双向测量;用钢尺量
		外露长度	±2	每处测量一点;用钢尺量
9	螺母、销孔 预埋件	中心位移	0.5	每处纵、横双向测量;用钢尺量
		平面高差	−1,0	每处测量一点;用钢板尺量
10	其他预埋件	中心位移	2	每处纵、横双向测量;用钢尺量
		平面高差	±1	每处测量一点;用钢板尺量
11	内模	长度	±2	每一长度边测一点;用钢尺量
		宽度	±2	两端及中部各测一点;用钢尺量
		对角线差	±2	每一内模测一点;用钢尺量
12	孔洞	中心位移	2	每处纵、横双向测量;用钢尺量
		尺寸	+3,0	长、宽各测一点;用钢尺量

4.3.5 钢筋骨架安装及质量控制要点

1. 钢筋加工及质量控制要点

(1) 钢筋在加工前应确保表面无油渍、漆污、锈皮、鳞锈等。

(2) 钢筋调直应符合 GB 50204 的有关规定。钢筋调直宜采用无延伸功能的机械设备进行调直方法,调直过程中对带肋钢筋横肋不能有损伤,调直后的钢筋应平直,不能有弯折。

(3) 耗能钢筋削弱段的加工用机床车削,不得用火焰切割,加工完后及时用隔离材料包裹封闭，隔绝外部水分，防止锈蚀。

（4）预制柱内与梁纵筋相连的带直螺纹接头的预埋钢筋，应符合《钢筋机械连接技术规程》JGJ 107—2016中I级接头规定。应采用标准型滚轧直螺纹套筒，钢筋规格和套筒的规格必须一致，钢筋和套筒的丝扣应干净、完好无损。滚轧直螺纹接头应使用管钳和扭力扳手进行施工，单边外露丝扣长度不应超过2P。经拧紧后的滚轧直螺纹接头应用扭力扳手校核拧紧扭矩，接头拧紧最小力矩应符合JGJ 107—2016规范要求，校核后应随手刷上红漆以作标识。

（5）滚轧直螺纹丝头的加工、连接的操作人员，必须经过严格的专业技术培训。

（6）钢筋螺纹接头机械加工，宜采用剥肋滚丝机进行钢筋接头螺纹加工。下料时钢筋切口的端面应与轴线垂直，不得有马蹄形或挠曲。应采用砂轮切割机或专用钢筋剪切设备按配料长度逐根进行切割，不得采用刀片式切断机和氧气吹割。

（7）钢筋剥肋滚轧直螺纹接头机械加工工艺流程：下料、平头→剥肋滚轧螺纹→丝头检验→利用套筒连接→接头检验→完成。

（8）检查合格的丝头应加以保护，在其端头加戴保护帽或用套筒拧紧，按规格分类堆放整齐。

（9）直螺纹钢筋接头的质量检验及验收应符合《钢筋机械连接技术规程》JGJ 107—2016的规定。

2. 钢筋笼安装及质量控制要点

（1）骨架吊装时应采用多吊点的专用吊架，防止骨架产生变形。

（2）保护层垫块可采用轮式或墩式，宜按梅花状布置，间距满足钢筋限位及控制变形要求（以主筋不下垂为准）与钢筋骨架或网片绑扎牢固，保护层厚度应符合国家现行规范标准和设计要求。

（3）钢筋骨架入模时应平直、无损伤，表面不得有油污或者锈蚀。在随后的作业中不能踩踏钢筋笼，或在其上面行走、放置杂物。

（4）预制构件端部外露主筋、弯起筋、拉结筋等必须采用绑扎或专用卡具固定，防止偏斜、位移。钢筋笼成品见图4-12。

图4-12　钢筋笼成品示意

（5）入模后的钢筋笼如果发生变形、歪斜、绑丝松动等要及时修正处理。

（6）对灌浆套筒进行定位固定，并对套筒内部进行保护，确保其内部清洁。

（7）骨架装入模具后，应按设计图纸要求对钢筋位置、规格间距、保护层厚度等进行检查，允许偏差应符合表4-5规定。

钢筋骨架尺寸和安装位置偏差（mm） 表 4-5

项 目			偏差	检验方法
绑扎钢筋骨架	长		±10	钢尺检查
	宽、高		±5	钢尺检查
	钢筋间距		±10	钢尺量测两端、中间各一点,取最大值
受力钢筋	位置		±5	钢尺量测两端、中间各一点,取最大值
	排距		±5	
	保护层厚度	柱、梁	±5	钢尺检查
绑扎钢筋、竖向钢筋间距			±10	钢尺量连续三档,取最大值
箍筋间距			±10	钢尺量连续三档,取最大值
钢筋弯起点位置			20	钢尺检查

4.3.6 预埋件安装及质量控制要点

（1）利用专用工装、磁性底座等辅助工具保证吊点、支撑点、模板安装支撑点、防护架安装点、电器盒等预埋件的位置准确定位。

（2）预埋套筒、预埋线管和波纹管等预埋件必须采用辅助材料或工装与模具或钢筋进行牢固定位，端头进行封闭，防止砂浆等污染物进入。

（3）安装埋件过程中，严禁私自弯曲、切断或更改已经绑扎好的钢筋笼。安装效果见图4-13。

图 4-13 构件预埋件、吊点以及续接器工装固定效果

（4）混凝土浇筑前，应逐项对模具、垫块、支架、钢筋、连接套管、连接件、预埋件、吊具、预留孔洞等进行检查验收，做好隐蔽工程记录。位置偏差应符合表 4-6 的规定。

连接套管、预埋件、连接件、预留孔洞等的允许偏差 （mm）　　　　表 4-6

项　　　目		偏差	检验方法
钢筋连接套管	中心位置	±3	钢尺检查
	安装垂直度	1/40	拉水平线、竖直线测量两端差值 其满足套筒误差要求
	套管内部、注入、排出口的堵塞		目视
预埋件（插筋、螺栓、吊具等）	中心线位置	±5	钢尺检查
	外漏长度	+5~0	钢尺检查且满足连接套管施工误差要求
	安装垂直度	1/40	拉水平线、竖直线测量两端差值 且满足施工误差要求
预留孔洞	中心线位置	±5	钢尺检查
	尺寸	+8,0	钢尺检查
其他需要先安装的部件	安装状况：种类、数量、位置、固定状况		与构件制作图对照及目视

注：钢筋连接套管除应满足上述指标外，尚应符合套管厂家提供的允许误差值施工允许误差值。

4.3.7　混凝土浇筑、养护、脱模及表面处理控制要点

1. 混凝土浇筑

（1）混凝土浇筑前，逐项对模具、垫块、钢筋、连接套筒、连接件、预埋件、吊具等进行检查验收，规格、位置和数量必须满足设计要求，并做好隐蔽工程验收记录。钢筋连接套筒、预埋螺栓孔应采取封堵措施，防止浇筑混凝土时将其堵塞。

（2）混凝土浇筑时应保证模具、预埋件、连接件不发生变形或者移位，如有偏差应采取措施及时纠正。

（3）当夏季天气炎热时，混凝土拌合物入模温度不应高于 35℃，当冬期施工时，混凝土拌合物入模温度不应低于 5℃。

（4）布料机浇筑时，应从一端开始均匀连续放料，下料口投料高度不宜大于 500mm，同一构件每盘浇筑时间不宜超过 30min。同时布料机下料口不得碰撞模具、钢筋及其他各类预埋件，必要时，辅以人工摊铺。见图 4-14。

（5）混凝土拌合物在运输和浇筑成型过程中严禁加水。

2. 混凝土振捣

（1）工厂生产构件，混凝土振捣宜采用机械方式，对浇筑完成的混凝土进行振捣密实，当构件的特点不适用机械振捣方式时，也可以采用振捣棒振捣。见图 4-15。

（2）根据混凝土坍落度、构件结构特点等相关参数选择振捣设备的相关技术参数。

（3）混凝土振捣过程中，应随时检查模板有无漏浆、变形，预埋件有无移动等现

图 4-14 混凝土浇筑

象，如果存在，要及时采取补救措施。

（4）振捣时间宜按拌合物稠度和振捣部位等不同情况，控制在 10～30s 内，当混凝土拌合物表面出现泛浆，基本无气泡溢出，可视为振捣合格，在振捣过程中避免出现混凝土离析现象。

图 4-15 预制柱混凝土振捣与养护

3. 构件表面处理及养护

（1）混凝土浇筑振捣完成首先使用刮杠将混凝土表面刮平，确保混凝土厚度不超出模具上沿，再用用塑料抹子粗抹，做到表面基本平整，无外漏石子，外表面无凹凸现象，四周侧板的上沿（基准面）要清理干净，避免边沿超厚或有毛边，完成以上作业后构件静停或加热处置完成混凝土初凝，初凝时间 2～3h。

（2）使用铁抹子对混凝土上表面进行人工压光，保证表面无裂纹、无气泡、无杂质、无杂物，表面平整光洁，不允许有凹凸现象，同时要确保埋件、线盒及外露线管、灌浆管等四周的平整度，压光时应使用靠尺边测量边找平，保证上表面平整度在 3mm 以内。抹面过程中禁止加水。

（3）混凝土构件可采用加热养护、自然养护等方式进行养护。

（4）构件自然养护应满足下列要求：混凝土构件在浇筑、表面抹平、压光完成后及时覆盖进行保湿养护，一般不低于 12h，浇水次数以保持混凝土处于湿润状态为度，不宜采用不加覆盖直接在构件表面浇水进行养护的方式；养护所用的水应与混凝土拌制用水相同。当气温低于 5℃时，不宜浇水，应进行覆盖保温。

（5）构件采用加热养护应满足下列要求：采用加热养护方式，应严格制定养护制度，对静停、升温、恒温、降温过程中的时间进行控制；预养时间宜多于 2～3h；升温速率不宜超过 20℃/h；降温速率不宜大于 15℃/h；预制混凝土构件养护最高温度不宜超过 60℃；其中梁柱等厚大构件的最高养护温度不超过 45℃，构件持续养护时间不应小于 6h；应对窑内的温度和湿度进行监控，湿度要控制在 90％以上。

4. 构件脱模

（1）构件在从蒸养窑内运出或撤掉蒸养罩时，内外温差应小于 25℃；模具拆除时应按照一定的顺序拆除模具，不得使用振动、重锤敲打等有损构件和模具的方式进行拆模。

（2）构件脱模时必须确认所有模具及其附件、连接螺栓等已完全拆除并已妥善收集存放。见图 4-16。

图 4-16 预制柱脱模

（3）构件脱模起吊时，混凝土强度应满足设计要求，当无特殊设计要求时，按下列规定执行：预制构件脱模起吊时混凝土强度应不宜小于 15MPa，当构件脱模后需要移动时，混凝土抗压强度应不小于设计强度的 75％；外墙板、楼板等较薄构件起吊时混凝土强度不小于 20MPa，梁柱等较厚构件起吊时混凝土强度不应小于 30MPa。

（4）预制构件起吊应平稳，楼板应采用专用多点吊架进行起吊，复杂预制构件应采用专门的吊架进行起吊。

（5）吊点的位置应根据计算确定。复杂预制构件需要设置临时固定工具，吊点和吊具应进行专门设计。

5. 预制构件表面粗糙化处理

根据设计图纸要求，对涂有缓凝剂的部分表明采用高压水枪进行结合面粗糙化处理，处理后粗糙面面积不小于总面积的80％；预制梁、柱端面的凹凸深度不应小于6mm，如图4-17所示。

图 4-17 预制梁端粗糙面处理

4.3.8 构件成品检验

（1）预制构件成品质量验收，应符合国家现行标准《装配式混凝土结构技术规程》JGJ 1、《混凝土结构工程施工质量验收规范》GB 50204 的有关规定。

（2）预制构件混凝土的强度必须符合设计要求，应按照现行国家标准《混凝土结构工程施工质量验收规范》GB 50204 和《混凝土强度检验评定标准》GB/T 50107 的规定检验评定。

（3）PPEFF 预制柱成品检验应重点检查预埋波纹管位置，预埋钢筋连接器的位置、预埋套筒位置和套筒内部是否有漏浆现象。PPEFF 预制梁应重点检查预埋波纹管位置及露出长度、梁端箍筋露出高度和梁长度。

（4）梁端部 $L/3$ 范围内的箍筋露出高度不应偏差过大（图4-18），向上允许偏差为＋10mm，向下允许偏差为－5mm。

（5）梁端面预应力孔道中心的允许偏差为 5mm，孔内径的允许偏差为（＋20mm，－5mm）。此外，还应检查预应力孔道的弯曲度，检查方法可用直径不小于50％孔内径的钢管贯通梁的两端。

（6）预制混凝土构件质量经检验有缺陷和偏差，但不影响结构性能、安装和使用时，允许进行修补处理。修补后应重新进行检验，符合要求后，修补方案和检验结果应记录存档。

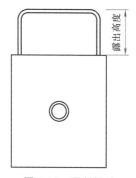

图 4-18 预制梁端
箍筋露出高度

（7）预制构件的外观质量不应有表 4-7 中所列影响结构性能、安装和使用功能的严重缺陷。对已出现的严重缺陷应按技术处理方案进行处理并经原设计单位认可，重新检验验收。

（8）预制构件不应有影响结构性能和安装、使用的功能尺寸偏差，对超过尺寸偏差且影响结构性能和安装使用功能的部位应按技术处理方案进行处理，并重新检测验收。

预制构件尺寸允许偏差（单位：mm） 表 4-7

检查项目			允许偏差	检查方法
长度	板、梁、柱	＜12m	±5	钢尺检查
		≥12m 且＜18m	±10	
		≥18m	±20	
宽高（厚）度	梁、柱		±5	钢尺量一端及中部，取其中最大值
表面平整度	板、梁、柱、墙板内表面		5	2m 靠尺和塞尺检查
侧向弯曲	板、梁、柱		$L/750$ 且≤20	拉线、钢尺量最大侧向弯曲处
	墙板、门窗口		5	
挠度变形	梁、板设计起拱		±10	拉线、钢尺量最大弯曲处
	梁、板下垂		0	
预埋件	预埋板、吊环、吊钉中心线位置		5	钢尺检查
	预埋套筒、螺栓、螺母中心线位置		2	
	预埋板、套筒、螺母与混凝土平面高差		−5,0	
	螺栓外露长度		−5,+10	
预留孔、预埋管中心位置			5	钢尺检查
预留插筋	中心线位置		3	钢尺检查
	外露长度		±5	
格构钢筋	高度		0,5	钢尺检查
键槽	中心线位置		5	钢尺检查
	长、宽、深		±5	
预留洞	中心线位置		10	
	尺寸		±10	
与现浇部位模板接茬范围表面平整度			2	2m 靠尺和塞尺检查

注：上述表中 L 为预制构件长度（mm）。

（9）预制构件的预埋件、插筋、预留孔洞的规格、位置、数量应符合构件制作详图和设计要求。

（10）预制构件新旧混凝土叠合面的粗糙度和凹凸深度应符合设计及规范要求。

4.3.9 产品标识和质量证明文件

（1）构件标识

构件标识系统应包括项目编号、生产单位、构件型号、生产日期、质量验收标志等内容。

（2）质量证明文件

构件生产企业应按照有关标准规定或合同要求，对供应的产品签发产品质量证明书，明确重要技术参数，有特殊要求的产品还应提供安装说明书。构件生产企业的产品质量证明文件应包括但不限于以下内容：产品合格证；构件编码；原材料、预埋件合格证及复检报告；连接套筒及连接件合格证及性能检测试验记录；过程检验记录及隐蔽工程验收记录；构件蒸养记录；构件修补技术处理方案；成品检测资料；生产企业名称、生产日期、出厂日期；检验员签字或盖章（可用检验员代号表示）。

4.3.10 构件存储、防护及运输

（1）预制构件的存放场地宜为混凝土硬化地面或经人工处理的自然地坪，应满足平整度和地基承载力要求，并应有排水措施。

（2）构件存放场地要进行相应的规划，划分构件立放区及构件叠放区；划分不同项目不同种类构件的存放区。在构件堆场布局规划时要充分考虑车辆运输通道、人员作业空间的规划，确保构件运输效率及作业安全；构件存放场地应规划有排水措施。

（3）构件存放时，要与地面进行隔离，构件支承的位置和方法，应根据其受力情况确定，但不得超过预制构件承载力或引起预制构件损伤；预制构件与刚性搁置点之间应设置柔性垫片，且垫片表面应有防止污染构件的措施。

（4）预制梁柱等宜平放，吊环向上，标识向外。堆垛高度应根据预制构件与垫板木的承载能力、堆垛的稳定性及地基承载力等验算确定；板类构件一般不超过10层，梁或柱类构件一般不超过2层或总体最大高度不超过1.5m，各层垫木的位置应在一条垂直线上。

（5）预制构件存储时，要进行必要的防护以防止构件被污染及损坏。预制构件露天堆放时，预制构件的预埋铁件应有防止锈蚀的措施，易积水的预留、预埋孔洞等应采取封堵措施。见图4-19。

（6）预制柱运输应根据施工现场的吊装计划，提前将所需预制构件的规格、数量等信息发至预制构件厂，提前做好运输准备。在运输前按清单仔细核对预制构件的型号、规格、数量是否配套。

（7）预制构件装车前应在车仓底部铺设整根枕木支垫，装车构件之间采用包裹木方衬垫，构件装车完成后用钢丝带加紧固器绑牢，以防运输受损。在预制构件的边角部位加防护角垫，以防磨损预制构件的表面和边角。

（8）预制构件运输前，根据运输需要选定合适、平整坚实路线，车辆启动应慢、车速行驶均匀，严禁超速、猛拐和急刹车。

图 4-19 预制柱存放

4.4 主体结构施工工艺要点

4.4.1 施工工艺流程

PPEFF 体系的一般施工流程为：预制柱安装→预制梁安装→梁支撑回顶→预应力筋穿筋→预制楼板铺设→梁柱接缝灌浆→预应力筋张拉→梁、板钢筋安装、绑扎→梁、板混凝土叠合层浇筑→下一层预制梁安装，详见图 4-20。本方法可提前形成稳

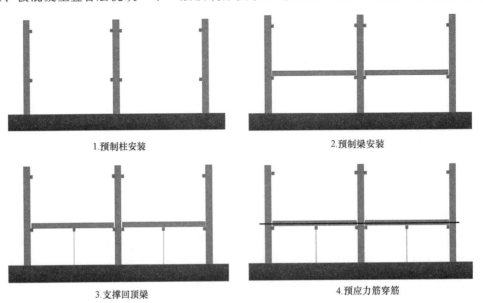

1.预制柱安装

2.预制梁安装

3.支撑回顶梁

4.预应力筋穿筋

图 4-20 PPEFF 体系一般施工流程示意（一）

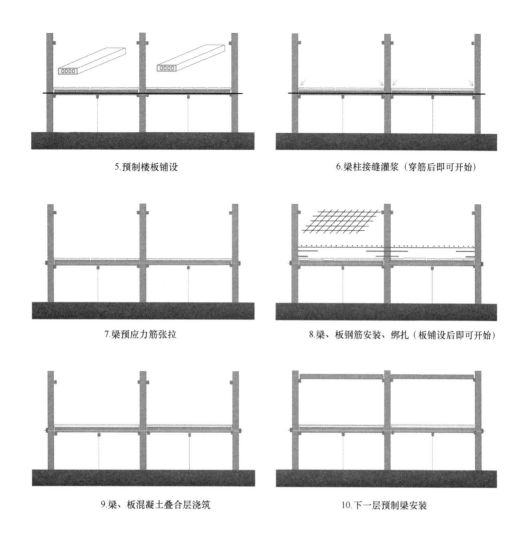

5.预制楼板铺设　　　　　　　　　6.梁柱接缝灌浆（穿筋后即可开始）

7.梁预应力筋张拉　　　　　　　　8.梁、板钢筋安装、绑扎（板铺设后即可开始）

9.梁、板混凝土叠合层浇筑　　　　　　10.下一层预制梁安装

图 4-20　PPEFF 体系一般施工流程示意（二）

定结构体系，便于其他工序提前穿插：在保证柱子可靠支撑的条件下，柱脚套筒灌浆连接可穿插进行；梁板钢筋的安装、绑扎可在预制楼板铺设后进行，可与梁柱接缝灌浆、预应力筋张拉和孔道注浆工作并行；预应力筋孔道注浆可在张拉后穿插作业，注浆前应检验预应力筋预应力是否满足设计要求，并对不满足要求的进行调整合格后再行注浆。维护结构的安装可穿插进行。

PPEFF 体系也可先将预制预应力框架结构张拉成型，楼板后安装：预制柱安装→预制梁安装→梁支撑回顶→预应力筋穿筋→梁柱接缝灌浆→预应力筋张拉→下一层预制梁安装、回顶、穿筋、灌缝及预应力筋张拉→预制楼板铺设（分施工段，竖向不同时作业）→梁、板钢筋安装、绑扎（分施工段，竖向不同时作业）→梁、板混凝土叠合层浇筑（分施工段，竖向不同时作业）。

以吊装作业量为依据，结合各工序之间的搭接施工，施工作业可按表4-8安排。

PPEFF体系标准节段流水施工作业表（两层，5天流水）

表4-8

时间\工序资源	第一天 7点至12点	第一天 下午1点至6点	第一天 晚间	第二天 7点至12点	第二天 下午1点至6点	第二天 晚间	第三天 7点至12点	第三天 下午1点至6点	第三天 晚间	第四天 7点至12点	第四天 下午1点至6点	第四天 晚间	第五天 7点至12点	第五天 下午1点至6点
塔式起重机	吊支撑架和防护架及构件卸车	吊预制柱 20min/块 计15根	吊钢支撑架	吊预制叠合下层梁 15min/块 计22根	吊下层预制空心楼板 12min/块、计24块	吊叠合层钢筋及水电管线	吊空调板10min/块计8块及叠合层钢筋	吊预制楼梯 20min/块计2块	吊钢支撑架	吊预制叠合上层梁 15min/块22根	吊上层预制空心楼板 12min/块、计24块	吊空调板10min/块计8块及叠合层钢筋	吊叠合层钢筋及水电管线	吊预制楼梯 20min/块计2块
测量人员	测量放线			测量放样			测量放样			测量放样			测量放样	
构件安装工		预制柱安装		预制梁安装	预制空心楼板安装		预制空调板安装	预制楼梯安装		预制梁安装	预制空心楼板安装	预制空调板安装		预制楼梯安装
灌浆工		柱脚灌浆			节点灌浆					节点灌浆				
张拉工				穿筋			预应力筋张拉	预应力孔道注浆		穿筋			预应力筋张拉	预应力孔道注浆
钢筋工	竖向钢筋校正	安装现浇部分钢筋		安装现浇节点钢筋	安装现浇节点钢筋		安装叠合层钢筋			安装现浇节点钢筋	安装现浇节点钢筋		安装叠合层钢筋	
水电工			核心筒部位水电管线安装			楼板部位水电管线安装							楼板部位水电管线安装	
架子工	外防护架安装	支撑架安装		支撑架安装			支撑架安装			支撑架安装	支撑架安装	支撑架安装		
模板工	现浇部分模板安装	梁端模板封堵				模板封堵				梁端模板封堵	侧模板拆除			
混凝土工							隐蔽检查	混凝土浇筑					隐蔽检查	混凝土浇筑

4.4.2 施工准备

PPEFF体系预制率高，现场的预制构件吊装工作精度要求高。在预制构件正式吊装开始之前，必须做好完善的准备工作，例如提前对吊装工人进行技术交底及技术培训、合理规划预制构件材料堆场、制定预制构件配套吊具和吊车的安全检查制度、编制安全合理的构件安装标准化流程图等，才能保证优质高效地完成PPEFF体系施工。

1. 技术准备

根据设计图纸编制专项施工方案及构件吊装平面布置图，并以此为依据选择适宜的吊装机械，并对相关技术人员和作业工人进行培训和安全技术交底，包括：装配式构件安装专项施工方案交底；施工安全技术交底；班前现场安全会；安装技术资料准备；现场测量复核；现场取样方案准备；图纸核实、技术参数复核；工作计划准备。

2. 材料准备

（1）PC构件：PC构件加工、储运及分批进场计划；为保证现场安装的连续性，现场施工进度计划、工厂构件生产计划、构件运输计划三者应协调一致，如：装车顺序、车载数量，吊装进度计划、装车所需时间、从构件厂到施工现场所需时间、需求计划、到货周期等；其他工程主体材料或半成品及施工现场用辅助材料。进场构件应复检型号、几何尺寸及外观质量；构件应有相应的出厂合格证或产品质量证明书。

（2）灌浆材料及套筒复验、预应力筋进场检验。

（3）支撑防护架体：所用构件的支撑架体材料、承重支架材料、外防护架体材料及辅材。

3. 吊装及预应力施工准备

吊装设备主要有：汽车吊、履带吊、塔吊等，吊装工作应由具有相应资格的人员来进行。预应力工程施工应充分考虑预应力工程特点，由专业公司完成。

4.4.3 地下室或下层现浇结构施工

地下室或下层现浇结构施工要点如下：

（1）首先根据业主交接的测量基准点建立测量控制网，按照设计图纸要求把预制构件的精确位置进行放线，依据图纸在下层现浇结构测量出每个具体位置线，并进行有效的复核；测量放线对装配构件下层预埋钢筋位置的确定与高程精确控制。

（2）下层现浇结构竖向钢筋应有定位板控制，以方便多数钢筋相对位置固定；对中定位横纵向轴线，合格后脱离模板固定。

（3）测量下层预留连接钢筋调直，预留钢筋长度复核及标高复核、校正。

（4）预留钢筋长度、高程、轴线复核合格后，方可浇筑下层结构混凝土，混凝土面高程、平整度及强度满足设计和工艺要求。

（5）混凝土浇筑完后在初凝前，应及时校核钢筋位置、长度、垂直度和高程。

（6）预留粗糙面部位，混凝土达到 15MPa 强度后方可按工艺要求平整度凿毛清洗干净。

4.4.4 预制柱施工

预制柱通长预制减少了预制柱的数量和吊装次数，提高梁的施工效率。在通长预

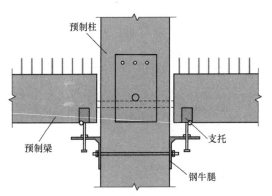

图 4-21 施工钢牛腿安装示意

制柱吊装和支撑设计时应根据施工工况对预制柱的临时支撑进行相应的受力计算，对吊点设置进行受力计算和柱中裂缝验算。

（1）预先安装施工钢牛腿

钢牛腿支撑作为预应力叠合梁的主要受力构件，提前在预制柱上安装完成，并且通过实际位置调节钢牛腿的支撑板标高及其平整度，工具化的辅助器具，操作更加快捷（图 4-21）。

安装钢牛腿分为固定受力部分和支托部分（图 4-22），实际施工中应进行计算分析，确保安全后再制作、使用。

(a) 固定受力部分   (b) 支托部分

图 4-22 典型钢牛腿示意

（2）楼层定位控制线

在预制柱安装工作开始前，以 2～3 人为一组由专业测量人员使用仪器放出楼层的控制轴线和标高控制线。班组施工人员根据轴线用墨斗弹出预制柱的边线和 200mm 控制线。见图 4-23。

（3）钢筋校正及标高找平

根据弹出来的柱边线，使用"钢筋定位控制套板"工具对柱预留竖向钢筋位置进行复核。对有弯折及跑位的钢筋进行校正。

通过测量人员提供的标高控制线，使用水准仪工具对预制柱底的标高进行复核。

图 4-23　楼层定位控制线

对标高过高的地方进行凿毛清理。同时，在预制柱底四角放置刚性调平垫片，根据标高控制线对垫片的顶标高进行调节。刚性垫片放置过程中，应注意避免堵塞预制柱注浆孔及灌浆连通腔。垫片的抗压强度应高于柱子混凝土抗压强度。

（4）预制柱起吊

起吊设备和吊点应严格按吊装方案进行，预制柱起吊之前，应由专职人员对预制

图 4-24　预制柱起吊

柱的型号、尺寸及质量进行检查，检查合格后交由专业人员挂钩和绑扎缆风绳。待作业人员撤离至安全区域后，由信号指挥工确认四周安全无误后开始预制框架柱的吊装工作。起吊到构件距离地面约 0.5m 左右时，进行起吊装置安全确认，确定起吊装置安全后，继续起吊作业。见图 4-24。

（5）预制柱就位

预制柱吊运至施工楼层距离楼面 200mm 时，略作停顿。安装工人对着楼地面上已经弹好的预制柱定位边线扶稳预制柱，并通过小镜子检查预制柱下口套筒与连接钢筋位置是否对准，检查合格后缓慢落位，使预制柱落至找平垫片上就位放稳。见图 4-25。

预制柱就位后，采用斜支撑支撑在预制柱高度的 1/3 处进行临时固定（支撑高度取构件高度的 1/3 需要进行精确的受力计算，确保其安全及稳定）。斜向支撑主要用于防止通长预制柱体倾覆，确保预制柱安装的水平定位和标高控制。见图 4-26（a）。

在防倾覆临时斜支撑安装完成，且预制柱水平定位和标高调整完成后，在预制柱底使用紧固支撑加强预制柱底的稳定性。柱底紧固支撑可采用钢管＋木枋＋顶托或七字码。见图 4-26（b）。

图 4-25　预制柱就位

(*a*)安装预制柱防倾覆斜支撑示意

(*b*)预制柱底坚固支撑示意

图 4-26　预制柱支撑与固定示意

（6）预制柱校正

调整斜支撑以调整柱垂直度，用撬棍拨动预制柱，用铅锤、靠尺校核柱体的垂直度。经检查预制柱水平定位、标高及垂直度调整准确无误后紧固斜向支撑，卸去吊索卡环。

（7）封仓及灌浆

① 在预制框架柱吊装完成后，应安排专职人员对预制框架柱底四边进行封仓。封仓应严格按照规范及设计要求进行，避免灌浆开始后出现漏浆。

② 封仓完成后且达到强度后，应安排专职人员对预制框架柱竖向连接接口灌浆。灌浆料和水的用量、搅拌时间、搅拌方式均应严格按照产品要求进行。在灌浆操作开

始之前，应对每一次搅拌的灌浆料拌合物进行流动性检测，检测符合设计要求后方可进行灌浆操作。搅拌后的灌浆料应在 30min 内使用完毕，如图4-27 所示。

综上，预制柱施工流程与工序可分解为表 4-9。预制柱的主要安装流程包括测量放线→凿毛找平→钢筋校正→预制柱吊装→柱安装及校正→临时支撑→封仓灌浆。

图 4-27 预制柱封仓及灌浆

预制柱吊装施工工序分解表 表 4-9

施工工序		工艺内容	时间(min)	人员及操作工具(机械)	检查控制标准
柱安装前置工作	前置工作	预装施工钢牛腿			
		柱定位控制线弹线			
		柱脚接触基础面凿毛处理清理完毕	0	小风镐	
		基础钢筋矫正完成	0	卡具	
		柱脚垫片放置		垫片	
		柱斜支撑地面固定端安装完成	0	扳手	
		吊装器具准备完毕	0	吊绳、吊钩、滑轮	
	检验	预留预埋	0		
柱安装工作	堆场	起吊柱构件确认	0		
		柱身斜撑安装	2	扳手	斜支撑安装角度为30°~60°之间，注浆压力为 0.2~0.4MPa
	起吊	挂钩	1		
		上滑轨架/空中翻转	5		
		起身升空平行运行	3		
	预就位	下降至操作面	2		
	就位	钢筋对孔落位	3		
	就位安装斜撑	测量	1		
		调整	3		
		紧固，完成安装	2		
	摘钩	摘钩	1		
	封仓	封仓	2		
	注浆	压力注浆	6		
		完毕封堵	0.5		
拆除	间歇 10 个小时	强度需达 C40			
	斜撑拆除	上层开始作业前拆除			
总计		吊装灌浆完成	36.5		

4.4.5　预制梁施工

在梁支撑系统设计时应根据施工工况对牛腿进行受力计算，对独立支撑应进行施工验算。

（1）测量放线。为了安装时将预制梁与预制柱波纹管对正，安装前应将波纹管中心十字轴线弹到预制梁侧面与底面上，与预制柱相应孔道中心十字轴线对齐。在预制梁安装时，应以柱身波纹管位置为定位中心点，调整施工临时钢牛腿的位置，确定梁的安装位置，确保梁柱波纹管可精确对位，保证预应力筋顺利穿过梁柱节点。

（2）预制梁在起吊之前，应对梁端预留伸出波纹管进行测量。若波纹管伸出过长应截断；若波纹管伸出梁过短，可在波纹管周围粘贴窄边（环宽度小于10mm，厚度小于5mm）胶环垫。

图 4-28　预制梁起吊

（3）预制梁在起吊之前，应由专职人员对预制梁的型号、尺寸及质量进行检查，检查合格后交由专业人员挂钩和绑扎缆风绳。待作业人员撤离至安全区域后，由信号指挥工确认四周安全无误后开始预制梁的吊装工作。起吊到构件距离地面约0.5m左右时，进行起吊装置安全确认，确定起吊装置安全后，继续起吊作业，如图4-28所示。

（4）预制梁吊运至距梁定位高度200mm左右时，略作停顿。安装工人对着已安装的柱上弹好的预制梁定位边线扶稳预制梁，检查预制梁位置是否对准定位边线，梁两端与柱间隙是否均匀，检查合格后缓慢落位，如图4-29所示。

（5）预制梁就位后，应对梁安装位置和标高进行复核。

图 4-29　预制梁就位

（6）预制梁临时支撑回顶

预制梁就位后，应及时用独立临时支撑进行回顶，支撑数量通过计算确定，应能够承担预制梁上及梁所支承楼板上的施工荷载及后浇混凝土叠合层的荷载，确保预制梁施工过程不开裂，如图4-30所示。

综上，预制梁的施工工序可分解为表4-10。预制梁的主要安装流程包括测量放线→预制梁吊装→梁底临时支撑回顶→预制梁安装及校正→接缝封仓灌浆。

图 4-30　预制梁临时支撑回顶

预制梁吊装施工工序分解表

表 4-10

梁安装工序	工艺内容	时间（min）	人员及操作工具（机械）	检查控制标准
前置工作	柱子精确就位、牢固固定	0		
	梁支撑架安装完成	0	扳手	
	梁定位控制线弹线	3	墨斗	
	人工操作平台	2		
	吊装器具准备完毕	0		
构件检查	预留预埋检查	0		
	接触面完整性	0		
起吊	挂钩	1		
	起吊平运	2		
	落钩	1		
预就位	缓慢下落	2		
安装	调整构件标高及平面位置	2	扳手	
	位置复核调整	3		
	紧固安装完毕摘钩	4		
安装总计	PC梁吊装安装完成	15		

4.4.6　预应力筋穿束

预应力筋穿束应在梁柱接缝灌浆前进行，避免灌缝时将预应力孔道堵塞，影响穿筋。

（1）预应力筋材料

预应力筋一般采用直径15.24mm，带PE套保护的1860级无粘结高强低松弛钢绞线（表4-11）。

预应力钢绞线尺寸及性能 　　　　　　　　　　　　　　　　表 4-11

钢绞线结构	钢绞线公称直径 mm	强度级别（N/mm²）	截面面积（mm²）	整根钢绞线的最大负荷(kN)	屈服负荷(kN)	伸长率（%）
1×7	15.20	1860	139.98	259	220	3.5

钢绞线进场时必须附有产品合格证书。材料进场后，由具有相关资质的专业检测部门，按高于国家检验标准的规定进行复检，检测合格后方可进行铺放。

（2）每项工程应设置不少于3根的内置光纤传感器的预应力钢绞线（图4-31），用于施工张拉阶段工艺评定和张拉力校准，同时可作为长期结构健康监测的传感器。

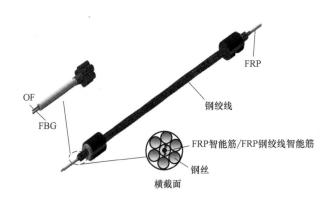

图 4-31　内置光纤传感器的钢绞线

（3）预应力筋无粘结段处理

预应力穿束前应对预应力筋的有粘结段进行处理进行，在相应部位剥去保护PE套，除去钢绞线表面油脂，再用清洗液深度清理油脂。预应力筋有粘结段可以在施工现场处理，也可由预应力筋厂家按工程要求处理完后运至施工现场。预应力筋有粘结段在存储、运输和施工期间注意采用防腐措施，防止预应力筋锈蚀。

（4）钢绞线穿束

清理梁、柱中的波纹管以及塑料皮，保证预应力孔道畅通，钢绞线可以顺利穿过。同时检查两端锚垫板应垂直与预应力孔道中心后方可进行钢绞线穿束。

4.4.7　梁柱节点接缝封仓及注浆

梁柱节点接缝封仓和注浆操作要点如下：

（1）预应力筋穿束完成之后，应及时对预制梁左右两侧的缝隙进行清理。

（2）将梁柱之间的缝隙中的波纹管道缠密封胶带，保证预应力孔道通畅（图4-32）。

（3）采用定型模具（木模或钢板）或砂浆对梁柱接缝进行封边处理（图4-33）。

（4）从梁柱接头顶部灌入高强纤维灌浆料，待浆料与预制梁顶齐平时停止注浆，注浆时留置试块。

（5）梁柱接缝处的浆料为钢纤维灌浆料，具体要求如下：钢纤维长度 6mm，直径 0.2mm，体积掺量为 0.5～1.5%；12h 的抗压强度不小于 25MPa，28d 的抗压强度不小于 60MPa，且不小于梁混凝土强度；浆体流动度：初始值不小于 280mm，30min 后不小于 260mm。

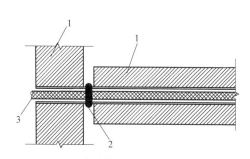

图 4-32　波纹管连接处表面缠绕胶带
1—预制梁或柱；2—密封胶带；3—预应力钢绞线

图 4-33　预制梁柱节点接缝钢模板封仓

4.4.8　预应力筋张拉与灌浆

预应力筋的张拉操作要点主要有：

（1）预应力张拉作为 PPEFF 体系的关键工序，与传统的预应力张拉工艺基本相同。可根据需要多根钢绞线同时张拉，或逐根张拉固定。

（2）张拉预应力筋时，构件混凝土的强度应按设计规定，如设计无规定则不宜低于混凝土标准强度的 75%。

（3）锚具必须采用 I 类锚具：锚具效率系数 $\eta_a \geq 0.95$，试件破断时的总应变 $\varepsilon_{apu} \geq 2.0\%$。锚具尚应满足分级张拉、补张拉和放松拉力等张拉工艺的要求。锚固多根预应力筋的锚具，除应具有整束张拉的性能外，也应具有单根张拉的可能性。

（4）应由预应力筋-夹具组装件静载试验测定的夹具效率系数 η_g 确定，试验结果应满足夹具效率系数 $\eta_g \geq 0.92$ 的要求。夹具应具有良好的自锚性能、松锚性能和安全的重复使用性能。主要锚固零件宜采取镀膜防锈；在预应力夹具组装件达到实际破断拉力时，全部零件均不得出现裂缝和破坏。

（5）张拉设备应采用经标定合格的配套张拉产品（表 4-12）。

（6）根据钢绞线试验检测计算各钢束理论伸长量，同时根据张拉设备标定证书计算各阶段对应油表读数。施工过程中采用对称张拉原则，防止叠合梁产生超应力、构件不扭转与侧弯，构架不变位。

预应力张拉主要施工机械表示例 表 4-12

机械名称	规格型号	额定功率(kW)或 容量(m³)或吨位(t)	厂牌及出厂时间	数量(台/个)
千斤顶	YCN-25	25T	北京/2000	1
灌浆机	JHP-20	2.2kW/380V	哈尔滨/1998	1
卷扬机	JYJ-100	4.5kW/380V	柳州/2000	1

注：根据预应力工艺的要求，张拉之前需对油泵、千斤顶进行定期标定（每6个月一次）。

（7）张拉顺序按照设计要求先短跨后长跨逐束两端同时对称进行，一端张拉，另一端补拉。

（8）安装千斤顶，要保证千斤顶、工作锚、锚垫板三者必须保证同心，且与锚垫板垂直，不致增加孔道摩擦损失。

（9）泵启动供油正常后，开始加压，达到要求的张拉力的10%时，停止张拉，记录钢绞线的外露长度作为初始值 L_1，继续加压，直至达到要求的张拉力的103%时，记录钢绞线的外露长度作为最终值 L_2。当千斤顶行程满足不了所需伸长值时，中途可停止张拉，作临时锚固，倒回千斤顶行程，再进行第二次张拉。张拉时，要控制给油速度，给油时间不应低于 0.5min。

（10）张拉采用应力控制为主，同时校核预应力筋的伸长值为辅的双控方法进行。各束预应力筋实际伸长值与理论值的相对允许偏差为 $\pm6\%$。

（11）张拉过程中，该预应力筋两端及千斤顶后部不得站人，听从管理人员安排。

（12）工具锚的夹片，应注意保持清洁和良好的润滑状态。多根钢绞线束夹片锚固体系如遇到个别钢绞线滑移，可更换夹片，用小型千斤顶单根张拉。

图 4-34　钢绞线逐根分级张拉

（13）构件张拉完毕后，应检查端部和其他部位是否有裂缝，并填写张拉记录表。见图 4-34。

预应力孔道灌浆及封堵操作要点主要有：

（1）预应力筋张拉后，应尽快进行孔道灌浆，以防锈蚀与增加结构的抗裂性和耐久性。见图4-35。

（2）灌浆剂应符合《预应力孔道灌浆剂》GB/T 25182—2010的要求。灌浆宜用强度不低于42.5级的普通硅酸盐水泥调制的水泥浆，对空隙大的孔道，水泥浆中可掺适量的细砂，但水泥浆和水泥砂浆的强度等级不低于M30，且应有较大的流动性和较小的干缩性、泌水性（搅拌后3h泌水率宜控制在2%）。水灰比一般为 0.40～0.45。为使孔道灌浆密实，可在灰浆中掺入 0.05‰～0.1‰的铝粉或

0.25％的木质素磺酸钙。

（3）灌浆前，用压力水冲洗和润湿孔道。

（4）灌浆过程中，可用电动或手动灰浆泵进行灌浆，水泥浆应均匀缓慢地注入，不得中断。灌满孔道并封闭气孔后，再继续加注至 0.5～0.6MPa，并稳压不少于 1min，以确保孔道灌浆的密实性。对不掺外加剂的水泥浆，可采用两次灌浆法来提高灌浆的密实性。

图 4-35　预应力孔道内注浆

（5）孔道灌浆后，切除多余外露预应力筋，切除后预应力筋露出长度不小于 30mm，然后用不低于梁混凝土强度等级的细石微膨胀混凝土进行封锚，要求封锚混凝土密实，并且要求张拉端全部封住，不得露筋。

（6）灌浆料每个检验批不少于 3 组标准养护试件，用以检测浆体强度。

4.4.9　预制预应力空心楼板（SP 板）施工

预制预应力空心楼板（SP 板）施工要点主要有：

（1）SP 板安装前，应进行支撑梁和楼板的施工状态验算。

（2）SP 板安装前应检查梁或墙上的支承长度是否满足规范要求，支承面是否平整，支承面高度是否符合设计要求。当 SP 板跨度小于 10m 时，其在梁或墙上的最小支承长度不应小于 55mm。

（3）SP 预应力空心板原则上不应在现场存储，应随进场随吊装。如不能及时进行吊装，应堆放在指定地点，堆放场地应平整夯实，每垛堆放层数不应超过 10 层，总高度不宜超过 2m，垫木应放在距板端 200～300mm 处，做到上下对齐、垫平垫实，不得有一角脱空的现象，不同型号 SP 板应分别堆放。

（4）预制预应力空心楼板的主要安装流程：测量放线→支承面找平处理→支撑架搭设（如需要）→板端处理→预制空心楼板安装与调整→板缝灌缝→板面清洁→板面钢筋铺设及水电管线安装→板底回顶支撑架搭设→板面洒水润湿→叠合混凝土浇筑及养护。

（5）吊装 SP 板时，吊点距板端 20～30cm，将 SP 板兜住，吊索与 SP 板夹角不得小于 50°，否则会造成吊索向内滑脱、SP 板坠落。吊装时应注意板的布置方向，吊装时注意保护好 SP 板，并做好安全措施。钢丝绳的直径应根据吊装吨位选择，每次应认真检查钢丝绳的破损情况。吊装必须拴揽风绳。严禁歪拉斜吊、严格执行起重作业"十不吊"原则。见图 4-36。

（6）在框架梁上安装 SP 板时，随铺随吊，保证 SP 板底受力均匀。吊装前，先进行试吊，检查支撑体系的稳定情况，然后正式进行吊装。安装时板端对准支撑缓缓下降，落稳后再脱钩。以免发生意外。在堆放、运输、安装及使用过程中，不得将板翻身侧放，严禁悬臂 SP 板，SP 板应始终保持简支状态，如图 4-37 所示。

（7）安装 SP 板时，一般宜将板底靠紧安置，但板顶缝宽不宜小于 20mm。

图 4-36　SP 板吊装示意图

注：吊索与 SP 夹角不得小于 50°。

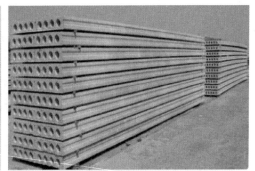

图 4-37　预制预应力空心楼板堆放

（8）当 SP 板跨度小于 9m 时，在浇筑板面混凝土叠合层之前应在跨中设一道支承回顶；当 SP 板跨度大于 9m 时，除在跨中设一道支承回顶外，尚应在板跨 1/4 位置各设置一道支承回顶。

（9）当楼板安装需要支架或回顶时，支架应优先采用三角撑独立钢管支撑架，支撑横梁采用 100mm×100mm 木枋小梁或 100mm×100mm 铝方框梁。三角撑独立钢管支撑架其立柱的纵距、横距应经计算确定，承重预制预应力空心楼板的支撑梁应垂直预制楼板内预应力筋的方向，用水准仪测量支撑架体梁面的顶高程，调整支撑架体梁顶高程至设计高程（图 4-38）。

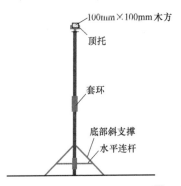

图 4-38　三角撑独立钢管支撑架

（10）板缝灌缝：为了保证相邻预制预应力空心楼板之间能相互传递剪力和协调相邻板间垂直变位，应做好板缝的灌缝工作，一般应采用强度不小于 20N/mm^2 的水泥砂浆，或强度不小于 C20 的细石混凝土灌实，灌缝用砂浆（或细石混凝土）应有良好的和易性，保证板间的键槽能浇灌密实，所有的灌缝工作在吊装楼板后进行其他工序前尽快实施，灌缝前应清除板缝中的杂物，并使板缝保持清洁湿润状态，在灌缝砂浆强度小于 $10N/mm^2$ 时，板面上不得进行任何施工工作，灌缝后应注意养护。

（11）浇筑混凝土叠合层前应仔细检查 SP 板端，板缝的构造钢筋、附加抗剪钢筋和板面钢筋网及预埋管线是否符合设计要求；应仔细检查板空心孔道端部是否已密封好。

4.5 施工过程质量控制与验收

1. 主控项目

（1）预制构件与结构之间的连接应符合设计要求。

Ⅰ. 检查数量：全数检查。

Ⅱ. 检验方法：观察，检查施工记录。

（2）承受内力的接头和拼缝，当其混凝土强度未达到设计要求时，不得吊装上一层结构构件。已安装完毕的装配式结构，应在混凝土强度达到设计要求后，方可承受全部设计荷载。

Ⅰ. 检查数量：全数检查。

Ⅱ. 检验方法：检查施工记录及试件强度试验报告。

2. 一般项目

装配式结构安装完毕后，尺寸偏差应符合表 4-13 要求。

检查数量：按楼层、结构缝或施工段划分检验批。在同一检验批内，对梁、柱，应抽查构件数量的 10%，且不少于 3 件；对墙和板，应按有代表性的自然间抽查 10%，且不少于 3 间；对大空间结构，墙可按相邻轴线间高度 5m 左右划分检查面，板可按纵、横轴线划分检查面，抽查 10%，且均不少于 3 面。

过程验收表　　　　　　　　　　　　　　　　　表 4-13

项　　目			允许偏差(mm)	检验方法
构件轴线位置	竖向构件(柱、墙板、桁架)		8	经纬仪及尺量
	水平构件(梁、楼板)		5	
标高	梁、柱、墙板楼板底面或顶面		±5	水准仪或拉线、尺量
构件垂直度	柱、墙板安装后高度	≤6m	5	经纬仪或吊线、尺量
		>6m	10	
构件倾斜度	梁、桁架		5	经纬仪或吊线、尺量
相邻构件平整度	板端面		5	2m靠尺和塞尺量测
	梁、楼板底面	外露	3	
		不外露	5	
	柱、墙板	外露	5	
		不外露	8	

续表

项　　目		允许偏差（mm）	检验方法
构件搁置长度	梁、板	±10	尺量
支座、支垫中心位置	板、梁、柱、墙板、桁架	10	尺量
墙板接缝宽度		±5	尺量

第 **5** 章 ▶▶▶

PPEFF体系工程案例

5.1 徐州某4层办公楼设计案例

5.1.1 工程概况

徐州某4层办公楼项目，位于江苏省徐州市贾汪区。总建筑面积3003.21m²，地下0层，地上4层，均为办公用途，建筑高度17.70m，建筑耐火等级二级，建筑效果图如图5-1所示。根据《江苏省绿色建筑设计标准》DGJ 32/T 173—2014 和《绿色建筑评价标准》GB/T 50378—2014 的要求，本工程绿色建筑设计目标为一星级。地上部分采用预应力装配式快速框架（PPEFF）体系，抗震设防烈度为7度，设计基本地震加速度为0.10g。

本项目的柱、梁、楼板、楼梯、外墙等均采用预制构件，项目整体预制率为63.7%。主要使用的预制构件有：二层通高的预制柱、预制叠合梁、钢筋桁架叠合板（四边不出筋）、预制楼梯板、预制外墙板等。

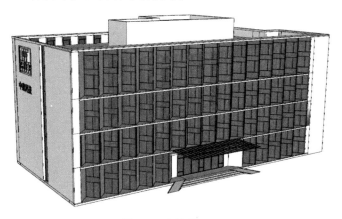

图 5-1 建筑效果图

本工程设计基准期为 50 年，设计使用年限为 50 年，结构安全等级为二级，设防类别为丙类。框架抗震等级为三级。

5.1.2 结构整体布置

本工程采用预应力快速装配框架体系（PPEFF 体系），沿轴网纵横向设置直线型局部有粘结预应力钢绞线。楼板采用四面不出筋的钢筋桁架叠合板，标准房间不设次梁。标准层结构平面布置见图 5-2，标准层预应力钢绞线布置见图 5-3，单根钢绞线长度长向约 42m，短向约 15m。上部结构嵌固端为基础顶面。

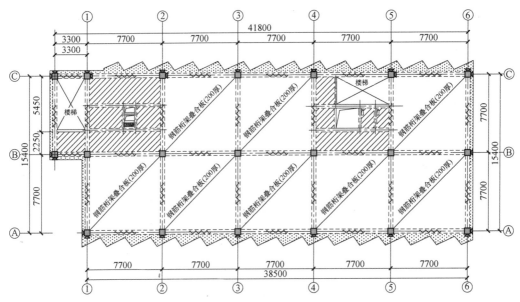

图 5-2　标准层平面布置

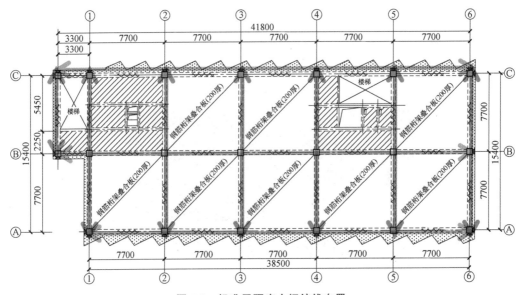

图 5-3　标准层预应力钢绞线布置

本工程主要截面尺寸见表5-1。

构件尺寸表 表5-1

构件	尺寸(mm)	材料	备 注
框架柱	600×600	C50	—
框架梁	400×700	C40	—
钢筋桁架叠合板	80+120	C40	四边不出筋,双向受力

预制柱两层一节,重量每件约7.4 t,两段之间采用套筒灌浆连接,连接位置位于楼面标高以上200mm范围内(图5-4);预制叠合梁每跨一段。

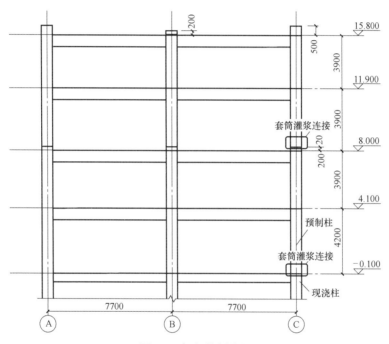

图5-4 框架柱拆分图

5.1.3 主要节点与构造

1. 柱脚节点

本工程基础为独立基础,在-0.100标高设置现浇混凝土拉梁。预制柱在拉梁顶标高位置通过全灌浆套筒与基础预留插筋连接,基础插筋在现浇混凝土范围内设置300mm长的无粘结段(图5-5)。

2. 梁柱节点

本工程梁柱节点采用柱外无粘的标准PPEFF框架节点,梁上部负弯矩筋在外子外

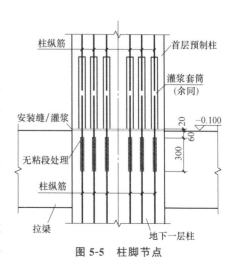

图5-5 柱脚节点

侧设置 300mm 长的无粘结段，同时钢筋无粘结段进行车削加工使其面积削弱 20％；梁叠合层底部根据剪力大小设置抗剪钢筋或不设置；无粘结预应力钢绞线直线通过梁柱节点，将梁柱构件压接在一起。梁柱接缝 25mm 宽，其内灌高强纤维灌浆料，纤维可采用 6mm 长的钢纤维，体积掺量 0.5％。

3. 梁板节点

本工程楼板主要用带叠合层的预制叠合板，板端与板侧方向搭置进入叠合梁宽度为 1cm（图 5-6）。

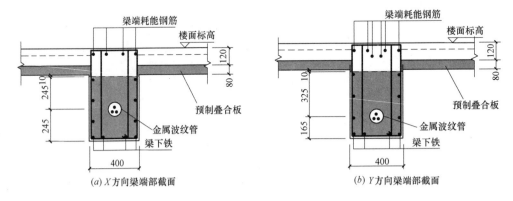

图 5-6　梁板节点构造

4. 预制楼板设计

本工程采用了双向受力的钢筋桁架叠合板，叠合板四面不出筋。7.7m×7.7m 柱网区格均匀拆分为 3 块叠合板，叠合板预制层厚度 80mm，现浇层厚度 120mm，钢筋桁架上下弦中心高度 120mm，上弦钢筋直径Φ12，经过计算安装阶段板下顺板向支撑间距可做到 2.7m，支撑用量少，如图 5-7 所示。

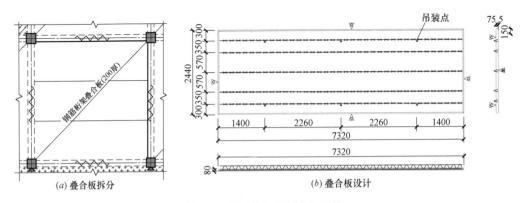

图 5-7　预制叠合板拆分与设计

5.1.4　整体模型弹性分析及配筋初选

采用 YJK 软件对结构进行整体弹性分析，考虑刚性楼板假定条件下结构前三阶振型如图 5-8 所示。结构整体分析主要指标见表 5-2。

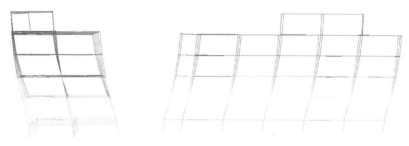

(a) 第一阶段振型(Y向，T=0.954s)　　　　　(b) 第二阶段振型(X向，T=0.889s)

(c)第三阶段振型(扭转，T=0.857s)

图 5-8　结构前三阶自振模态

小震弹性分析主要指标表　　　　　　　　　　表 5-2

指标项		汇总信息
总质量(t)		5352.83
最小刚度比	X 向	1.00<[1.0](6 层 1 塔)
	Y 向	1.00<[1.0](6 层 1 塔)
楼层受剪承载力	X 向	1.00>[0.8](6 层 1 塔)
	Y 向	1.00>[0.8](6 层 1 塔)
结构自振周期(s)	X	0.8892
	Y	0.9540
	T	0.8567
有效质量系数	X 向	98.34%>[90%]
	Y 向	98.99%>[90%]
最小剪重比	X 向	5.50%>[1.60%](2 层 1 塔)
	Y 向	5.08%>[1.60%](2 层 1 塔)
最大层间位移角	X 向	1/826<[1/550](2 层 1 塔)
	Y 向	1/666<[1/550](2 层 1 塔)
最大位移比	X 向	1.04<[1.50](5 层 1 塔)
	Y 向	1.23<[1.50](2 层 1 塔)

续表

指标项		汇总信息
最大层间位移比	X 向	1.06<[1.50]（5 层 1 塔）
	Y 向	1.24<[1.50]（5 层 1 塔）
刚重比	X 向	35.91>[10.00]（2 层 1 塔）
	Y 向	30.94>[10.00]（2 层 1 塔）

根据本指南相关公式初步选定本工程 PPEFF 框架中主要预应力配筋，然后依据小震弹性分析得到的构件内力，使用现行规范承载力公式得到梁端截面配筋见表 5-3，主要柱子配筋结果如图 5-9 所示。

框架梁端截面配筋结果　　　　　　　　　　　　　　表 5-3

楼层	位置	梁截面	耗能筋	预应力根数（×Φ^S15.2）
标准层	Y 向中梁	400×700	4Φ32	6
	Y 向边梁	400×700	4Φ32	6
	X 向中梁	400×700	4Φ28	5
	X 向边梁	400×700	4Φ28	5
屋面层	Y 向中梁	400×700	4Φ28	6
	Y 向边梁	400×700	4Φ28	6
	X 向中梁	400×700	4Φ28	5
	X 向边梁	400×700	4Φ28	5

注：本表所注耗能钢筋为削弱前的公称直径。

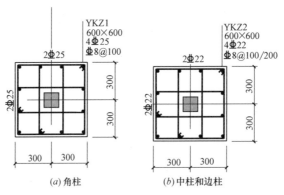

图 5-9　柱子配筋结果

5.1.5　抗震性能评估

1. 精细化模型建立

采用 PERFORM-3D v7.0 按照第 3 章的方法建立了精细化有限元模型。梁柱使用纤维梁单元模拟，梁柱节点区设置节点刚域，预应力钢绞线采用分离式桁架单元模

拟，PERFORM-3D 整体模型如图 5-10 所示。混凝土本构、钢筋本构、钢绞线本构
采用本书第 2 章的参数输入。

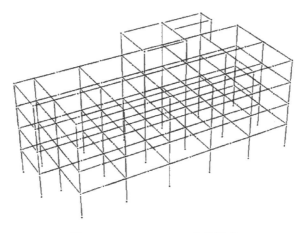

图 5-10　PERFORM-3D 整体模型

2. 静力推覆分析

在 PERFORM-3D 软件中对结构两个方向分别施加倒三角比例荷载模式，并进行
Pushover 分析，得到结构的基底剪力-顶点位移推覆曲线。采用 ATC-40 建议的能力
谱法，求得结构在 7 度罕遇地震下的性能点如图 5-11 和表 5-4 所示。

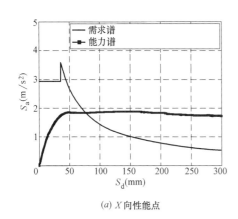

(a) X 向性能点

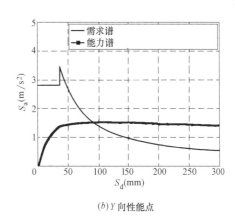

(b) Y 向性能点

图 5-11　Pushover 分析 7 度罕遇地震下的性能点

Pushover 分析性能点数据表　　　　　　　　　　　表 5-4

地震类别	X 向			Y 向		
	S_d(mm)	S_a (m/s²)	顶点位移 (mm)	S_d(mm)	S_a (m/s²)	顶点位移 (mm)
7 度罕遇	76	1.837	95.9	93	1.513	115.3

7 度罕遇地震下性能点处结构的层间位移角，X 向最大为 1/119，Y 向最大为 1/118，均小于规范 1/50 的限值。结果如图 5-12 所示。

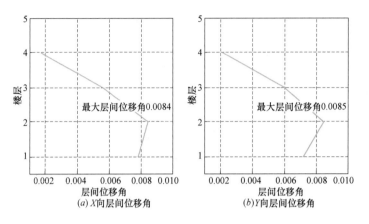

图 5-12　7 度罕遇地震性能点处层间位移角结果

3. 罕遇地震弹塑性时程分析

1）地震波的选取

依据《高层建筑混凝土结构技术规程》JGJ 3—2010 第 4.3.5 条规定，选取了 2 组人工波和 5 组天然地震波。

（1）dzb-1，人工波，ArtWave-RH1TG045，T_g（0.45），见图 5-13。

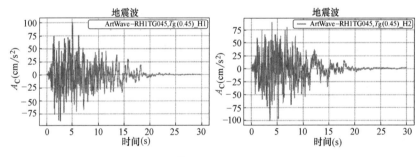

图 5-13　dzb-1

（2）dzb-2，人工波，ArtWave-RH3TG045，见图 5-14。

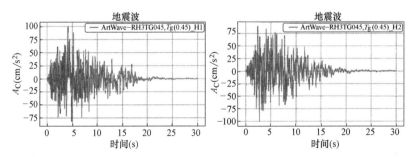

图 5-14　dzb-2

（3）dzb-3，天然波，Chi-Chi，Taiwan-02 ＿ NO ＿ 2166，T_g （0.45），见图 5-15。

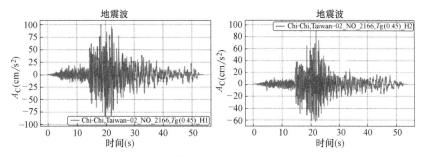

图 5-15　dzb-3

（4）dzb-4，天然波，Chi-Chi，Taiwan-06 ＿ NO ＿ 3278，T_g （0.44），见图 5-16。

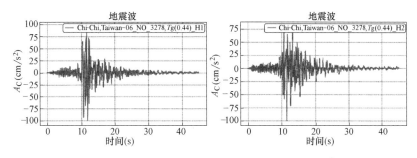

图 5-16　dzb-4

（5）dzb-5，天然波，Northridge-01 ＿ NO ＿ 955，T_g （0.46），见图 5-17。

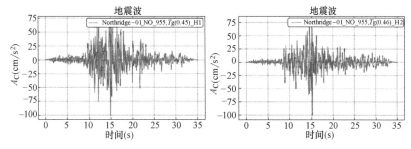

图 5-17　dzb-5

（6）dzb-6，天然波，Coalinga-01 ＿ NO ＿ 349，T_g （0.43），见图 5-18。

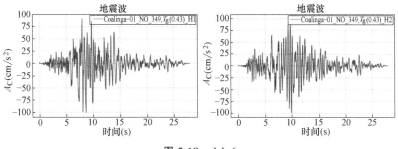

图 5-18　dzb-6

（7）dzb-7，天然波，Whittier Narrows-01 _ NO _ 609，T_g（0.43），见图 5-19。

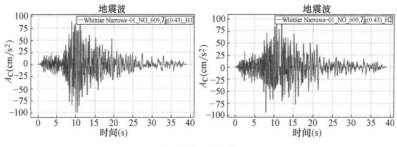

图 5-19　dzb-7

结构基本周期 0.9s，地震加速度时程曲线的持续时间满足结构基本周期的 5～10 倍。地震波转化成谱函数后与规范谱进行比较，各时程波与规范反应谱拟合情况良好（图 5-20）。

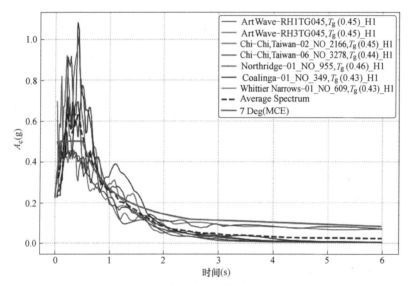

图 5-20　地震波与规范谱对比曲线

2）分析工况

地震波的输入方向，依次选取结构 X 或 Y 方向作为主方向，另两方向为次方向，分别输入三组地震波的两个分量记录进行计算。结构阻尼比取 3%。每个工况地震波峰值 PGA 按水平主方向：水平次方向＝1：0.85 进行调整，7 度大震 PGA 调整为 220gal。各工况详见表 5-5。

时程分析工况　　　　　　　　　　　　　　　　表 5-5

工况编号	工况 说 明
dzb1-x	ArtWave-RH1TG045 波作用下，T_g（0.45），X 向为主方向工况
dzb1-y	ArtWave-RH1TG045 波作用下，T_g（0.45），Y 向为主方向工况
dzb2-x	ArtWave-RH3TG045 波作用下，T_g（0.45），X 向为主方向工况

工况编号	工况说明
dzb2-y	ArtWave-RH3TG045 波作用下，$T_g(0.45)$，Y 向为主方向工况
dzb3-x	Chi-Chi, Taiwan-02_NO_2166，$T_g(0.45)$ 波作用下，X 向为主方向工况
dzb3-y	Chi-Chi, Taiwan-02_NO_2166，$T_g(0.45)$ 波作用下，Y 向为主方向工况
dzb4-x	Chi-Chi, Taiwan-06_NO_3278，$T_g(0.44)$ 波作用下，X 向为主方向工况
dzb4-y	Chi-Chi, Taiwan-06_NO_3278，$T_g(0.44)$ 波作用下，Y 向为主方向工况
dzb5-x	Northridge-01_NO_955，$T_g(0.46)$，波作用下，X 向为主方向工况
dzb5-y	Northridge-01_NO_955，$T_g(0.46)$，波作用下，Y 向为主方向工况
dzb6-x	Coalinga-01_NO_349，$T_g(0.43)$，波作用下，X 向为主方向工况
dzb6-y	Coalinga-01_NO_349，$T_g(0.43)$，波作用下，Y 向为主方向工况
dzb7-x	Whittier Narrows-01_NO_609，$T_g(0.43)$，X 向为主方向工况
dzb7-y	Whittier Narrows-01_NO_609，$T_g(0.43)$，Y 向为主方向工况

3）主要分析结果

（1）位移角结果

7 度大震地震作用下，各工况最大层间位移角统计如表 5-6 所示。

各工况最大层间位移角　　　　表 5-6

主方向	工况号	最大层间位移角	最大层间位移角位置
X 方向	dzb1-x	1/152	2F
	dzb2-x	1/149	2F
	dzb3-x	1/162	1F
	dzb4-x	1/164	2F
	dzb5-x	1/135	2F
	dzb6-x	1/104	2F
	dzb7-x	1/161	2F
Y 方向	dzb1-y	1/132	2F
	dzb2-y	1/149	2F
	dzb3-y	1/132	2F
	dzb4-y	1/116	2F
	dzb5-y	1/132	2F
	dzb6-y	1/208	2F
	dzb7-y	1/83	2F

各工况下的结构层间位移角如图 5-21 所示。

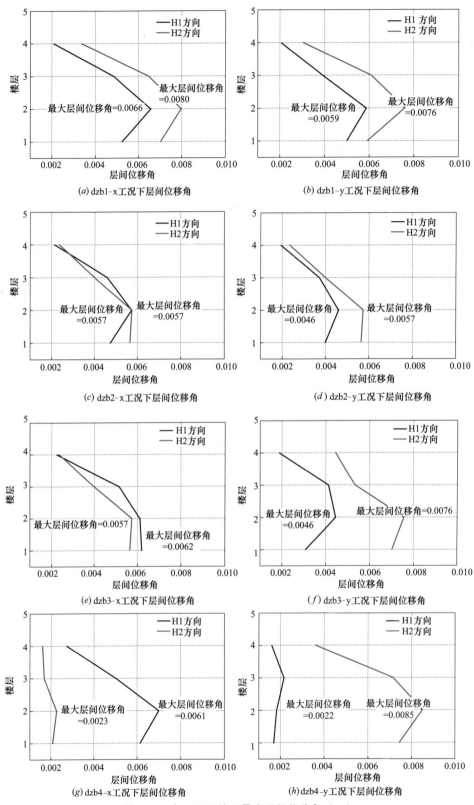

(a) dzb1-x工况下层间位移角

(b) dzb1-y工况下层间位移角

(c) dzb2-x工况下层间位移角

(d) dzb2-y工况下层间位移角

(e) dzb3-x工况下层间位移角

(f) dzb3-y工况下层间位移角

(g) dzb4-x工况下层间位移角

(h) dzb4-y工况下层间位移角

图 5-21　各工况下楼层最大层间位移角（一）

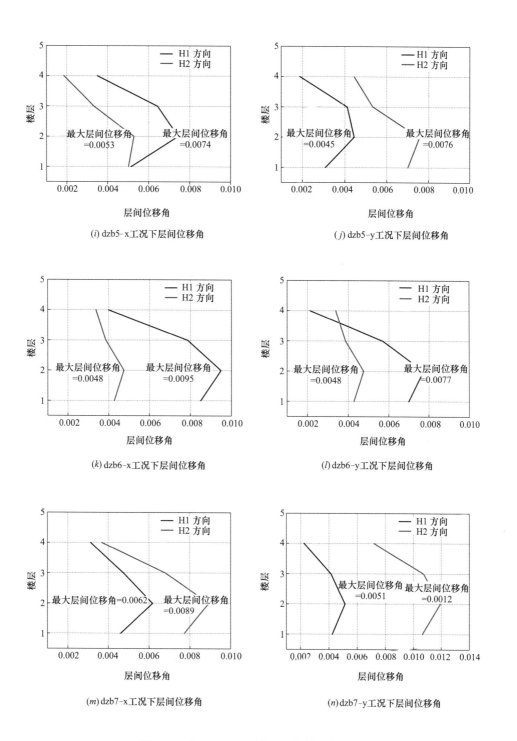

(i) dzb5-x工况下层间位移角

(j) dzb5-y工况下层间位移角

(k) dzb6-x工况下层间位移角

(l) dzb6-y工况下层间位移角

(m) dzb7-x工况下层间位移角

(n) dzb7-y工况下层间位移角

图 5-21 各工况下楼层最大层间位移角（二）

（2）结构顶层位移结果

7度罕遇地震作用下各工况下结构顶层位移时程曲线如图 5-22 所示。

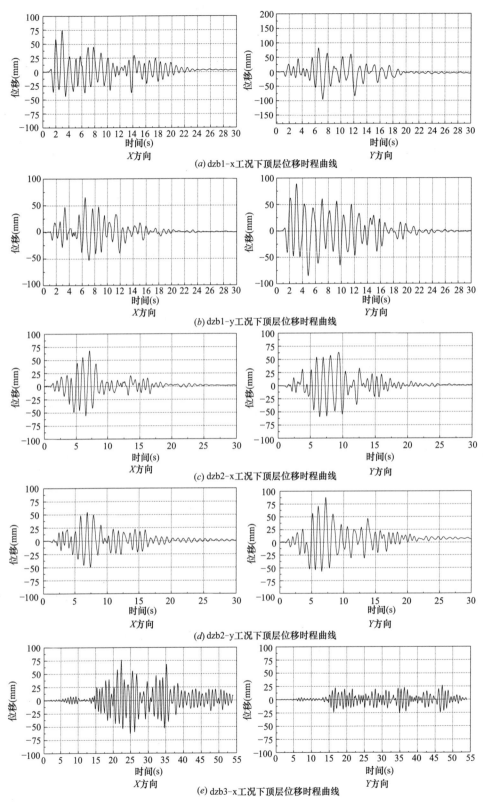

(a) dzb1-x工况下顶层位移时程曲线

(b) dzb1-y工况下顶层位移时程曲线

(c) dzb2-x工况下顶层位移时程曲线

(d) dzb2-y工况下顶层位移时程曲线

(e) dzb3-x工况下顶层位移时程曲线

图 5-22　各工况下顶层位移时程曲线（一）

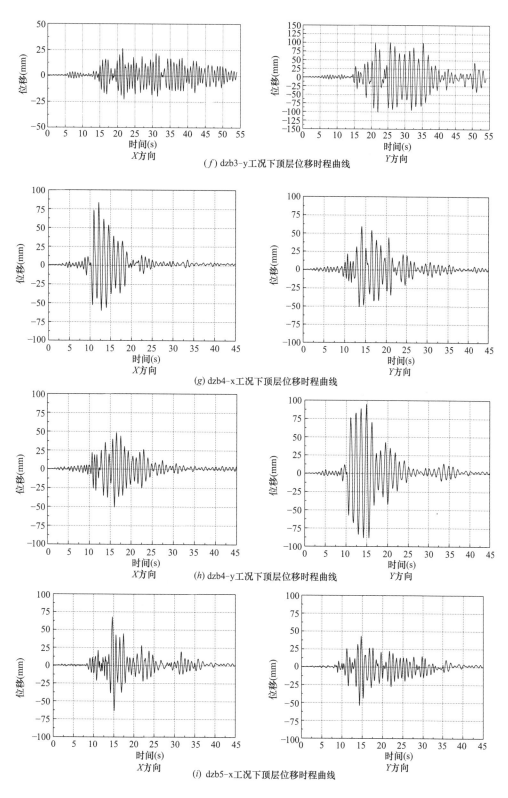

(f) dzb3-y工况下顶层位移时程曲线

(g) dzb4-x工况下顶层位移时程曲线

(h) dzb4-y工况下顶层位移时程曲线

(i) dzb5-x工况下顶层位移时程曲线

图5-22 各工况下顶层位移时程曲线（二）

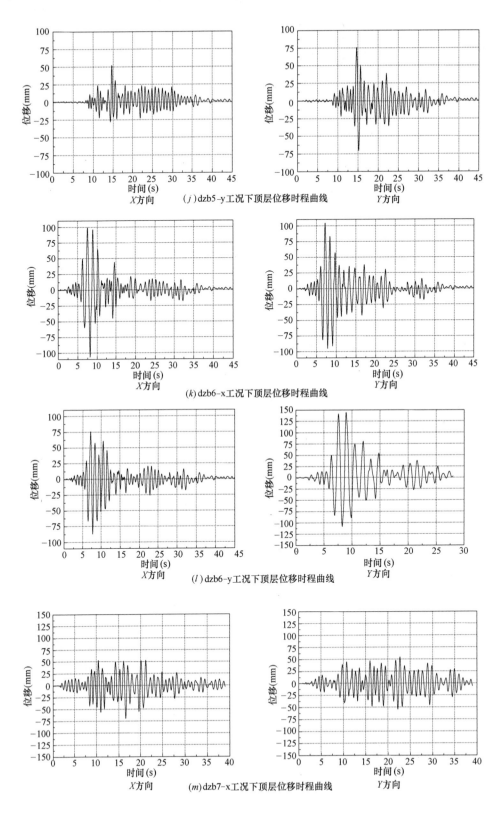

图 5-22　各工况下顶层位移时程曲线（三）

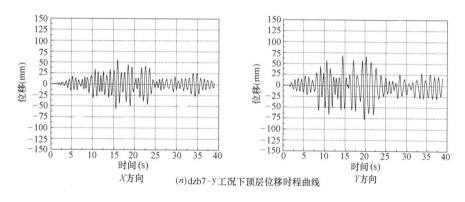

(n)dzb7-y工况下顶层位移时程曲线

图 5-22 各工况下顶层位移时程曲线 (四)

（3）应变结果

分析得到的框架柱关键部件应变见表 5-7，框架梁关键部位应变见表 5-8。

框架柱关键部位应变统计 表 5-7

位置	工况	受压区混凝土应变	钢筋应变	是否满足性能目标
底层框架柱	dzb7-y	0.01	0.01	是

框架梁关键部位控制工况应变统计 表 5-8

工况	位置	受压区混凝土应变	耗能钢筋应变	钢绞线应力 (MPa)	是否满足性能目标
dzb6-x	2 层 PPEFF 节点	0.009	0.011	1345	是
dzb7-y	2 层 PPEFF 节点	0.01	0.013	1353	是

4）小结

根据上述 7 度罕遇地震的计算分析结果，对本工程在大震下的抗震性能总结如下：

X 为主输入方向时，楼顶最大位移为 107mm（工况 dzb6-x：天然波 Coalinga-01 _ NO _ 349），楼层最大层间位移角为 1/104（工况 dzb6-x，天然波 Coalinga-01 _ NO _ 349），在第 2 层；

Y 为主输入方向时，楼顶最大位移为 144mm［工况 dzb6-y：天然波 Coalinga-01 _ NO _ 349，T_g（0.43）］，楼层最大层间位移角为 1/83（工况 dzb7-y，天然波 Chi-Chi，Taiwan-06），在第 2 层。能够满足规范的"大震不倒"要求。

整体来看，结构在罕遇地震作用下的弹塑性反应和破坏机制，符合结构抗震工程的概念设计要求，抗震性能达到规范要求的"大震不倒"的抗震性能目标。

5.1.6 案例总结

为了对比分析 PPEFF 体系在本工程中的经济性，在建筑使用功能不变的情况下，设计了传统装配整体式框架结构方案，并对两种方案进行了实体材料用量统计（表 5-9）。

主结构实体材料用量表   表 5-9

材料类型	PPEFF 体系方案		装配整体式框架方案(湿节点)	
	总用量	每平方米用量	总用量	每平方米用量
混凝土用量（m³）	842.3	0.28	842.3	0.28
普通钢筋（kg）	115813.5	38.57	123938.4	41.20
预应力钢绞线（kg）	5877.0	1.96	—	—
灌浆套筒用量（个）	480	—	960	—

注：本表未包含楼梯构件、地下结构和基础部分的材料用量。

本工程框架结构采用了预应力装配式快速框架（PPEFF）体系，楼板采用了四面不出筋的钢筋桁架叠合板，$7.7m \times 7.7m$ 柱网区格内无次梁，提供了更多的使用空间便于设备管线布置和安装，结构布置简洁美观；叠合板四面不出筋，可大大降低工厂生产难度，节省生产成本；叠合板设计时采用了局部加强构造，在施工过程中可减少叠合板支撑数量，现场非实体性材料投入少，安装效率高。

通过与传统装配整体式结构在同等设计条件下的材料用量对比可知，采用PPEFF 体系方案可在一定程度上降低主体结构材料用量，同时施工效率高，现场措施费低，具有一定的经济性。

5.2 湖州某 8 层综合楼设计案例

5.2.1 工程概况

某 8 层综合楼项目，位于浙江省湖州市南浔区。整栋建筑总建筑面积 $7706.76m^2$，地下 0 层，地上 8 层为公寓办公等综合用房，建筑高度 28.80m，建筑耐火等级二级（图 5-23）。根据《浙江省绿色建筑条例》和《绿色建筑评价标准》GB/T 50378—2014 的要求，本项目绿色建筑设计目标为一星级。地上部分采用预应力快速装配式框架体系，抗震设防烈度为 6 度，设计基本地震加速度为 $0.05g$。

本项目的柱、梁、楼板、楼梯、外墙等均采用预制构件，项目整体预制率为 42.1%。主要使用的预制构件有：二层通高的预制柱、预制叠合梁、预应力钢管桁架叠合板等。

本工程设计基准期为 50 年，设计使用年限为 50 年，结构安全等级为二级，设防类别为丙类，框架抗震等级为三级。

5.2.2 结构整体布置

本工程采用预应力快速装配式框架体系（PPEFF），沿轴网纵横向设置直线型局

图 5-23 湖州某 8 层综合楼建筑效果图

部有粘结预应力钢绞线。楼板采用支撑少的预应力钢管桁架叠合板，标准房间不设次梁。标准层结构平面布置见图 5-24，标准层预应力钢绞线布置见图 5-25，单根钢绞线长度长向约 60m，短向约 15m。上部结构嵌固端为基础顶面。

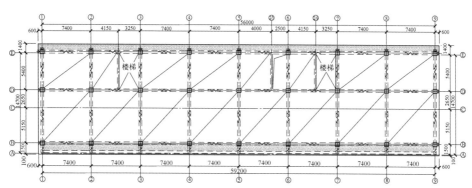

图 5-24 标准层结构平面图

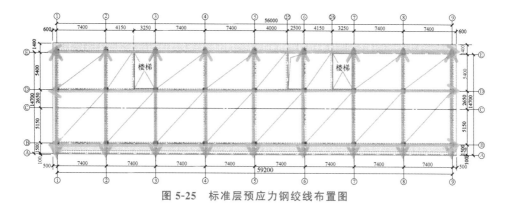

图 5-25 标准层预应力钢绞线布置图

本工程主要截面尺寸见表 5-10。

构件尺寸表 表 5-10

构件	尺寸(mm)	材料	备注
框架柱	600×600	C60	—
框架梁	400×700、300×650	C40	—
次梁	300×600	C40	—
楼板	200 厚(40+160)	C40	预应力钢管桁架叠合板

预制柱两层一段，长度约 7.7m，重量每件约 6.9t，两段之间采用套筒灌浆连接，连接位置位于楼面标高以上 200mm 范围内（图 5-26）；预制叠合梁每跨一段。

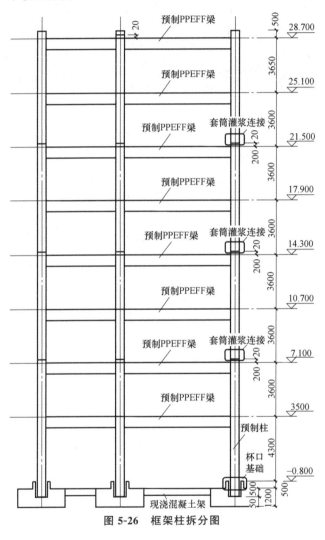

图 5-26 框架柱拆分图

5.2.3 主要节点与构造

1. 柱脚节点

本工程基础形式为桩基础，现浇桩承台设置杯口，预制柱底不设置钢筋连接套筒，直接插入杯口中。此方案方便现场施工误差控制，避免了现浇部位预留插筋位置不易控制的问题，生产安装均方便高效。预制柱插入杯口部分应凿毛，柱子安装前用M10水泥砂浆找平，柱子安装矫正后，柱子与杯口之间的空隙用C40细石混凝土填实（图5-27）。

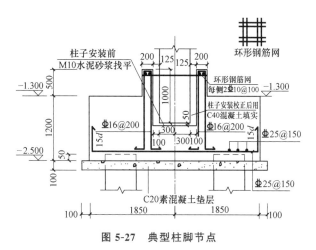

图5-27 典型柱脚节点

2. 梁柱节点

本工程梁柱节点采用柱外无粘的典型PPEFF框架节点，梁上部负弯矩筋在柱子外侧设置250mm长的无粘结段，同时钢筋无粘结段进行车削加工使其面积削弱20%；梁叠合层底部根据剪力大小设置抗剪钢筋或不设置；无粘结预应力钢绞线直线通过梁柱节点，将梁柱构件压接在一起。梁柱接缝25mm宽，其内灌高强纤维灌浆料，纤维可采用6mm长的钢纤维，体积掺量0.5%。

3. 梁板节点

本工程楼板主要用带叠合层的预应力钢管桁架叠合板，板端与板侧方向搭置进入叠合梁宽度为1cm（图5-28）。

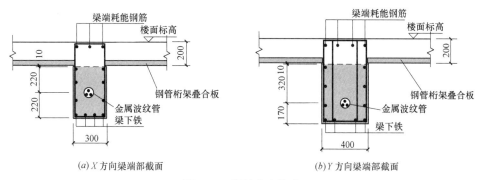

(a) X方向梁端部截面   (b) Y方向梁端部截面

图5-28 梁板节点构造

5.2.4 整体模型弹性分析及配筋初选

采用YJK软件对结构进行整体弹性分析，考虑刚性楼板假定条件下结构前三阶振型如图5-29所示。结构整体分析主要指标见表5-11。

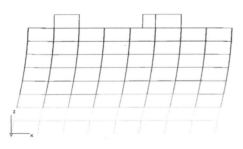

(a) 第一阶段型(X向，T=1.441s)

(b) 第二阶段型(Y向，T=1.402s)

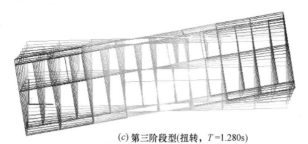

(c) 第三阶段型(扭转，T=1.280s)

图 5-29　结构前三阶自振模态

小震弹性分析主要指标表　　　　　　　　　　表 5-11

指标项		汇总信息
总质量(t)		13686.78
质量比		1.13<[1.5](2层1塔)
最小刚度比	X 向	1.00>[1.0](9层1塔)
	Y 向	1.00>[1.0](9层1塔)
楼层受剪承载力	X 向	0.86>[0.8](1层1塔)
	Y 向	0.86>[0.8](1层1塔)
结构自振周期(s)	X	1.4409
	Y	1.4023
	T	1.2797
有效质量系数	X 向	94.65%>[90%]
	Y 向	94.85%>[90%]
最小剪重比	X 向	1.76%>[0.80%](1层1塔)
	Y 向	1.80%>[0.80%](1层1塔)
最大层间位移角	X 向	1/1336<[1/550](2层1塔)
	Y 向	1/1466<[1/550](2层1塔)
最大位移比	X 向	1.02<[1.50](1层1塔)
	Y 向	1.22<[1.50](2层1塔)

续表

指标项		汇总信息
最大层间位移比	X 向	1.02＜[1.50](1 层 1 塔)
	Y 向	1.22＜[1.50](4 层 1 塔)
刚重比	X 向	18.29＞[10.00](2 层 1 塔)
	Y 向	19.76＞[10.00](2 层 1 塔)

根据本指南相关公式初步选定本工程 PPEFF 框架中主要预应力配筋，然后依据小震弹性分析得到的构件内力，使用现行规范承载力公式得到梁端截面配筋见表 5-12。

框架梁端截面配筋结果 表 5-12

楼层	位置	梁截面	耗能筋	抗剪筋	钢绞线根数 (×φ^{S}15.2)
标准层	X 向边梁	300×650	2Φ25	—	4
	X 向中梁	300×650	2Φ28	—	4
	Y 向边梁	400×700	2Φ28	—	4
	Y 向中梁	400×700	3Φ28	—	4
	Y 向梁悬挑端	400×700	4Φ28	1Φ25	4
屋面层	X 向边梁	300×650	2Φ25	—	4
	X 向中梁	300×650	2Φ28	—	4
	Y 向边梁	400×700	2Φ28	—	4
	Y 向中梁	400×700	2Φ28	—	4
	Y 向梁悬挑端	400×700	4Φ28	—	4

注：本表所注耗能钢筋为削弱前的公称直径。

5.2.5 抗震性能评估

1. 精细化模型建立

采用 PERFORM-3D v7.0 按照第 3 章的方法建立了精细化有限元模型。梁柱使用纤维梁单元模拟，梁柱节点区设置节点刚域，预应力钢绞线采用分离式桁架单元模拟，PERFORM-3D 整体模型见图 5-30。混凝土本构、钢筋本构、钢绞线本构采用本书第 2 章的参数输入。

2. 多遇地震性能评估

为了评估结构在多遇地震作用下的抗震性能，选取了 3 条小震地震波进行了动力时程分析法，并与 YJK 反应谱分析结果进行了对比。

1）地震波选取

本工程小震时程分析选取了 1 条人工波和 2 条天然波，天然波从 YJK 软件地震波数据库中选取，见表 5-13。选波的主要原则有：频谱特性、剪切波速、地震产生

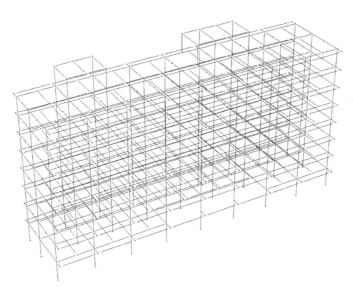

图 5-30 PERFORM-3D 整体模型

机理、有效持时、加速度峰值、场地距离震源的距离等。

小震时程选用的地震波 表 5-13

编号	DZB-1	DZB-2	DZB-3
地震波名	R1_R2（人工波）	Colinga-03_NO_393	Manjil Iran_NO_1636

结构基本周期 1.44s，地震加速度时程曲线的持续时间满足结构基本周期的 5～10 倍。地震波转化成谱函数后与规范谱进行比较，各时程波与规范反应谱拟合情况良好，如图 5-31 所示。

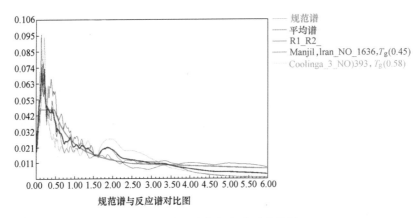

图 5-31 地震波与规范谱对比曲线

2）主要分析结果

（1）层间剪力

小震时程分析得到的各楼层层间剪力统计见表 5-14 和表 5-15。

小震时程分析层间剪力统计表（X 向）　　　　　　表 5-14

楼层	YJK 反应谱 (kN)	时程分析(kN)			时程包络/ 反应谱
		DZB-1	DZB-2	DZB-3	
8F	562.91	643.7	385.7	672.6	1.2
7F	1022.98	841.3	643.4	912.8	0.9
6F	1386.11	1057	936.2	1255	0.9
5F	1667.01	1331	1188	1507	0.9
4F	1905.8	1419	1406	1832	1.0
3F	2128.18	1527	1532	2032	1.0
2F	2317.29	1630	1667	2225	1.0
1F	2412.62	1793.4	2866.4	2339.4	1.2

小震时程分析层间剪力统计表（Y 向）　　　　　　表 5-15

楼层	YJK 反应谱 (kN)	时程分析(kN)			时程包络/ 反应谱
		DZB-1	DZB-2	DZB-3	
8F	589.93	596.4	447.2	625.6	1.1
7F	1060.27	863.9	744.6	936.6	0.9
6F	1426.46	1032	1089	1274.4	0.9
5F	1707.65	1303	1364	1512	0.9
4F	1947.17	1466	1627	1731.6	0.9
3F	2172.04	1735	1790	1838.4	0.8
2F	2365.5	1727	1945	1959.6	0.8
1F	2465.8	1854.7	2071.8	1996.8	0.8

（2）层间位移角

6 度小震地震作用下，各工况最大层间位移角统计如表 5-16 所示。

各工况最大层间位移角　　　　　　表 5-16

主方向	工况号	时程最大 层间位移角	反应谱最大 层间位移角	时程/反应谱	最大层间 位移角位置
X 方向	DZB-1	1/1296	1/1341	1.0	F3
	DZB-2	1/749	1/1341	1.8	F3
	DZB-3	1/929	1/1341	1.4	F2
Y 方向	DZB-1	1/1152	1/1480	1.3	F2
	DZB-2	1/1044	1/1480	1.4	F2
	DZB-3	1/1200	1/1480	1.2	F3

（3）钢筋应力

6 度小震时程分析各工况作用下，框架柱钢筋最大应变为 0.0007，框架梁耗能钢筋最大拉应变为 0.0018；钢绞线最大应力 $1037N/mm^2$，最小应力 $1014N/mm^2$。

3）小结

根据时程分析结果，每条时程曲线计算所得基底剪力均大于反应谱计算结果的 65%，三条时程曲线计算所得基底剪力的平均值不小于反应谱计算结果的 80%，所选定的时程波满足抗震规范的相关规定。

根据上述 6 度多遇地震的计算分析结果，对本结构在小震下的抗震性能总结如下：

（1）X/Y 向时程分析基底剪力包络值相对于反应谱结果的比值为 1.19 和 0.84。时程分析的层间剪力平均值与反应谱计算结果基本接近。

（2）时程分析的最大位移角略大于反应谱计算结果，最大位移角趋势与反应谱分析结果基本一致，均满足规范要求。

（3）小震时程分析作用下，钢筋均未发生屈服，钢绞线应力仍处于弹性阶段，可实现小震不坏的目标。

3. 罕遇地震性能评估

1）地震波选取

依据《高层建筑混凝土结构技术规程》JGJ 3—2010 第 4.3.5 条规定，选取了 1 组人工波和 2 组天然地震波。

（1）DZB-1，人工波，ArtWave-RH2TG045，见图 5-32。

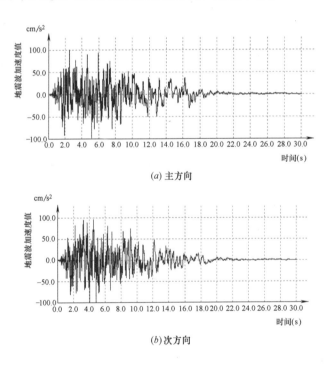

(a) 主方向

(b) 次方向

图 5-32 DZB-1

（2）DZB-2，天然波，Chalfant Valley-02 _ NO _ 558，见图 5-33。

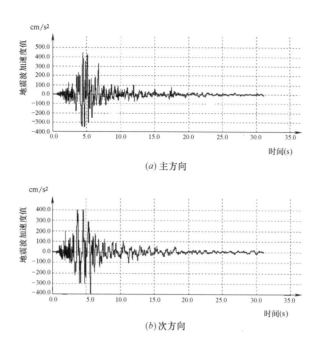

(a) 主方向

(b) 次方向

图 5-33 DZB-2

（3）DZB-3，天然波，Superstition Hills-02 _ NO _ 726，见图 5-34。

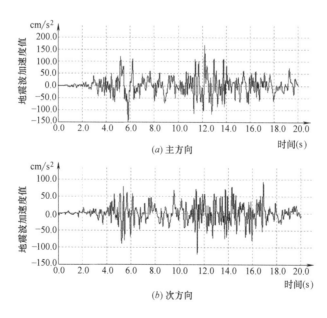

(a) 主方向

(b) 次方向

图 5-34 DZB-3

结构基本周期 1.44s，地震加速度时程曲线的持续时间满足结构基本周期的 5～10 倍。地震波转化成谱函数后与规范谱进行比较，各时程波与规范反应谱拟合情况良好（图 5-35）。

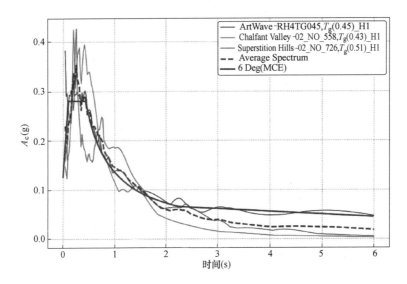

图 5-35　地震波与规范谱对比曲线

2）分析工况

地震波的输入方向，依次选取结构 X 或 Y 方向作为主方向，另两方向为次方向，分别输入三组地震波的两个分量记录进行计算。结构阻尼比取 5％。每个工况地震波峰值 PGA 按水平主方向：水平次方向＝1：0.85 进行调整，6 度大震 PGA 调整为 125gal。各工况详见表 5-17。

时程分析工况　　　　　　　　　　　　表 5-17

工况编号	工况说明
DZB1-x	ArtWave-RH4TG045 波作用下，X 向为主方向工况
DZB1-y	ArtWave-RH4TG045 波作用下，Y 向为主方向工况
DZB2-x	Chalfant Valley-02_NO_558 波作用下，X 向为主方向工况
DZB2-y	Chalfant Valley-02_NO_558 波作用下，Y 向为主方向工况
DZB3-x	Superstition Hills-02_NO_726 波作用下，X 向为主方向工况
DZB3-y	Superstition Hills-02_NO_726 波作用下，Y 向为主方向工况

3）主要分析结果

（1）层间位移角

6 度大震地震作用下，各工况最大层间位移角统计见表 5-18。

各工况最大层间位移角　　　　　　　　　表 5-18

主方向	工况号	最大层间位移角	最大层间位移角位置
X 方向	DZB1-x	1/249	F3
	DZB2-x	1/374	F5
	DZB3-x	1/270	F3

主方向	工况号	最大层间位移角	最大层间位移角位置
	DZB1-y	1/173	F2
Y方向	DZB2-y	1/270	F5
	DZB3-y	1/168	F2

各工况下的结构层间位移角如图 5-36 所示：

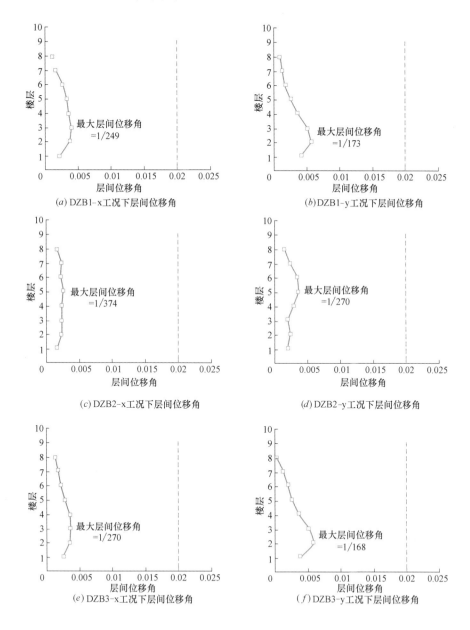

图 5-36　各工况下的结构层间位移角

（2）钢筋应变

分析得到框架梁、柱的应变统计见表 5-19，钢绞线峰值应力统计见表 5-20。

框架梁柱应变统计   表 5-19

位置	控制工况	受压区混凝土应变	钢筋应变	是否满足性能目标
底层框架柱	DZB1-x	−0.00194	0.00121	是
底层框架柱	DZB1-y	−0.00194	0.00159	是
底层框架柱	DZB2-x	−0.00126	0.00066	是
底层框架柱	DZB2-y	−0.00142	0.00081	是
底层框架柱	DZB3-x	−0.00204	0.00120	是
底层框架柱	DZB3-y	−0.00184	0.00111	是
框架梁	DZB1-x	−0.00173	0.00881	是
框架梁	DZB1-y	−0.00181	0.00714	是
框架梁	DZB2-x	−0.00118	0.00502	是
框架梁	DZB2-y	−0.00121	0.00657	是
框架梁	DZB3-x	−0.00240	0.01747	是
框架梁	DZB3-y	−0.00263	0.01439	是

钢绞线应力统计   表 5-20

	控制工况	应力（MPa）	是否满足性能目标
钢绞线最大应力	DZB1-y	939	是
钢绞线最小应力	DZB1-y	1497	是

4）小结

根据上述 6 度罕遇地震的计算分析结果，对本结构的抗震性能总结如下：

X 为主输入方向时，楼顶最大位移为 72.2mm（人工波 DZB-1），楼层最大层间位移角为 1/249（人工波 DZB-1），在第 3 层；Y 为主输入方向时，楼顶最大位移为 58.6mm（人工波 DZB-1），楼层最大层间位移角为 1/168（天然波 DZB-3），在第 2 层。能够满足规范的"大震不倒"要求。

整体来看，结构在罕遇地震作用下的弹塑性反应和破坏机制，符合结构抗震工程的概念设计要求，抗震性能达到规范要求的"大震不倒"的抗震性能目标。

5.2.6 案例总结

本工程主体结构采用了预应力装配式快速框架（PPEFF）体系，基础采用了现浇杯口基础，首层预制柱直接插入杯口内，避免了现浇部分预埋钢筋定位难以控制的问题，便于施工误差控制；柱子两层一段，生产安装效率高；楼板采用了双向受力的预应力钢管桁架叠合板，标准柱网区格内无次梁，提供了更多的使用空间，便于设备管线布设。

在建筑立面、总建筑面积和建筑高度不变的条件下，另外采用预制混凝土柱＋钢梁的装配式组合结构方案对本工程进行试设计。柱子截面为 600×700，框架钢梁截面为 $H550 \times 200 \times 8 \times 16$（20），梁柱节点区用钢板外包，节点区混凝土现场浇筑，楼板仍采用双向受力的预应力钢管桁架叠合板。经计算，本工程 PPEFF 体系方案和组合结构方案的主结构实体材料用量统计见表 5-21。

可见，与该种装配式组合结构方案相比，PPEFF 体系方案混凝土每平方米用量约增加 $0.10m^3$，普通钢筋每平方米用量约增加 9.35 kg，但钢结构每平方米用量节约 54.33kg，柱内灌浆套筒用量可节约 50％。综合实体材料用量少，经济效益明显。

主结构实体材料用量统计表   表 5-21

材料类型	PPEFF 体系方案		组合结构方案（混凝土柱＋钢梁）		说明
	总用量	每平方米用量	总用量	每平方米用量	
混凝土用量（m^3）	2516.6	0.33	1778.2	0.23	—
普通钢筋（kg）	245542.7	31.86	173479.9	22.51	—
钢结构（kg）	—	—	418742.2	54.33	—
消除预应力钢丝（kg）	19928.2	2.56	19928.2	2.56	(2)
预应力钢绞线（kg）	11266.6	1.46	—	—	(3)
灌浆套筒用量（个）	1296	—	2592	—	—

注：1. 本表未包含楼梯构件、地下结构和基础部分的材料用量。

2. 预应力钢管桁架叠合板使用。

3. PPEFF 体系使用。

5.3 武汉同心花苑幼儿园项目实施案例

5.3.1 工程概况

同心花苑还建小区四期项目 5 号楼，占地面积为 $1360.10m^2$，总建筑面积为 $3292m^2$，地上 3 层，建筑高度为 11.1m。该项目是国家十三五重点研发项目"装配式混凝土工业化建筑高效施工关键技术研究与示范"的工程示范项目，是中建快速装配式框架体系（PPEFF 体系）的首次工程应用。本工程南北楼分别采用了 PPEFF 体系和传统装配整体式框架体系。南楼采用 PPEFF 体系，预制率达到 82％；北楼采用传统装配整体式框架体系，预制率 69％。本工程于 2018 年 5 月 3 日开始吊装预制构件，2018 年 6 月 8 日主体结构完成。

项目效果图和现场照片如图 5-37 所示，建筑平立面图如图 5-38、图 5-39 所示。

图 5-37 项目效果图和现场照片

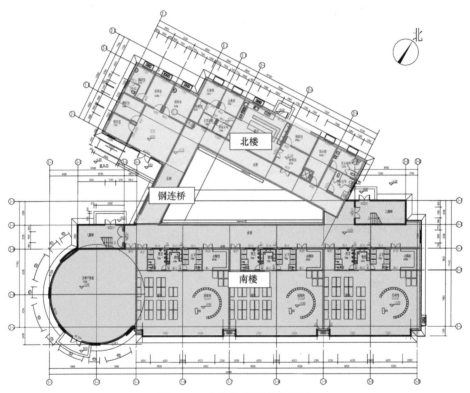

图 5-38 建筑整体平面布置图

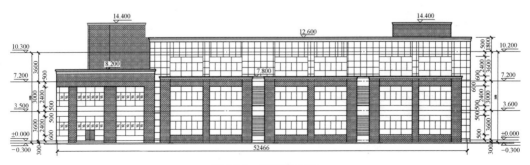

图 5-39 建筑南立面

南楼梁柱节点采用 PPEFF 框架节点，楼板采用无次梁的大跨预应力空心板（SP 板）。主要预制构件有：预制柱、叠合梁、预应力空心楼板、预制混凝土外墙板、预制弧型墙等，预制构件总计 528 块。

工程建造
过程视频

5.3.2　建造过程

建造现场相关图片见图 5-40、图 5-41，现场建造过程视频可扫描右侧二维码观看。

(a) 现场鸟瞰图

(b) 首层梁吊装

(c) 顶层铺预制楼板

(d) 三层构件吊装完成

图 5-40　施工现场整体照片

(a) 三层一段柱吊装

(b) 首层柱安装就位

图 5-41　现场安装过程照片（一）

(c) 超长预制柱固定防倾覆斜支撑

(d) 柱底套筒集中灌浆

(e) 预应力张拉

(f) SP板吊装前坐浆找平

(g) 吊装就位SP板

(h) SP板灌缝处理

(i) SP板整层铺设完成

图 5-41　现场安装过程照片（二）

5.3.3　实施效果总结

PPEFF体系在该项目的成功应用，证明PPEFF体系相较传统装配体系具备高效施工、绿色节能、安全抗震三大特点。柱、梁、楼板均采用预制构件，构件生产全部在工厂完成，只需现场安装即可，有效节约时间；梁柱节点采用干式连接，大大减少现场湿作业，方便施工，提高效率；施工现场基本不产生建筑垃圾，实现新型装配混凝土建筑现场用工量减少30%以上，现场建筑垃圾减少50%以上，现场辅助材料投入减少50%以上的效果。

2018年5月29日，"十三五"国家重点研发计划"高效施工"项目"中建PPEFF体系"示范观摩会在项目现场举行，中建集团科学技术学会工业化委员会领导以及全国逾五十余家装配式科研单位的专家、学者前来观摩（图5-42），得到了社会各界的广泛关注和好评。2019年3月，受美国PCI协会副主席邀请，郭海山博士在2019年PCI年会上针对PPEFF体系的研发进展和在本工程中的实践应用情况作了专题报告（图5-43），得到了国际专家学者的认可和称赞。

图5-42　国家重点研发计划"高效施工"项目PPEFF体系工程示范观摩会

图5-43　美国PCI年会上进行PPEFF体系研发主题讲演

参 考 文 献

[1] KATO H，ICHIZAWA Y，TAKAMATSU K，等．Earthquake response of an eleven-story precast prestressed concrete building by substructure pseudo dynamic test［C］//The 12th World Conference on Earthquake Engineering．2000：2223．

[2] NAGAE T，MATSUMORI T，SHIOHARA H，等．The 2010 E-defense shaking table test on four-story reinforced concrete and post-tensioned concrete buildings［C］//10th US National Conf．on Earthquake Engineering：Frontiers of Earthquake Engineering．2014．

[3] 宋满荣．单跨三层预压装配式预应力混凝土框架抗震性能试验与理论研究［D］．合肥工业大学，2015．

[4] 陈申一．新型预应力装配整体式混凝土框架设计与施工研究［D］．东南大学，2007．

[5] STANTON J，STONE W C，CHEOK G S．A Hybrid Reinforced Precast Frame for Seismic Regions［J］．PCI Journal，1997，42（2）：20-23．

[6] PALMIERI L，SAQAN E，FRENCH C，等．Ductile connections for precast concrete frame systems［J］．Special Publication，1996，162：313-356．

[7] MJ NIGEL PRIESTLEY，SRITHARAN S，CONLEY J R，等．Preliminary results and conclusions from the PRESSS five-story precast concrete test building［J］．PCI journal，1999，44（6）：42-67．

[8] ACI COMMITTEE 550．Design Specification for Unbonded Post-Tensioned Precast Concrete Special Moment Frames Satisfying ACI 374.1（ACI 550.3-13）and Commentary［S］．ACI 550.3-13．

[9] NZS 3101：2006．Concrete Structures Standard［S］．NZS 3101：2006．

[10] ENGLEKIRK R E．Design-Construction of the Paramount-A39-Story Precast Prestressed Concrete Apartment Building［J］．PCI journal，2002，47（4）：56-71．

[11] 梁培新．预应力装配式混凝土框架结构的抗震性能试验及施工工艺研究［D］．东南大学，2008．

[12] 郭彤，宋良龙，张国栋，等．腹板摩擦式自定心预应力混凝土框架梁柱节点的试验研究［J］．土木工程学报，2012，45（6）：23-32．

[13] 郭海山，齐虎，潘鹏，等．新型后张无黏结预应力装配式混凝土梁柱节点研究［J］．建筑结构学报，2019：1-14．

[14] 郭海山，蒋立红，刘康，等．一种柱贯通装配式预应力混凝土框架体系及其施工方法：中国，ZL201611022936．X［P］．2019-03-19．

[15] 郭海山，李黎明，刘康．一种后张预应力装配混凝土框架抗震耗能构件体系：中国，ZL201721214406.5［P］．2018-06-26．

[16] 郭海山，李黎明，刘康．全装配式预应力混凝土框架抗震耗能构件体系：中国，ZL201721214443.6［P］．2018-06-26．

[17] HAWILEH R，RAHMAN A，TABATABAI H．A Non-Linear 3D FEM to Simulate Un-Bonded Steel Reinforcement Bars under Axial and Bending Loads［J］．Engineering，2009，1（02）：75．

[18] 郭海山，齐虎，刘康，等. 一种装配式柱脚连接节点：中国，ZL201720631414.3 [P].
2018-04-03.

[19] 郭海山，李黎明，齐虎，等. 一种外包钢板的装配式混凝土柱脚节点及其施工方法：中国，
ZL201710407167.3 [P]. 2019-04-23.

[20] 潘鹏，王海深，郭海山，等. 后张无黏结预应力干式连接梁柱节点抗震性能试验研究 [J].
建筑结构学报，2018，10：46-55.

[21] ACI. Acceptance Criteria for Moment Frames Based on Structural Testing and Commentary
[S]. ACI 374. 1-05.

[22] 中华人民共和国行业标准. 建筑抗震试验规程. JGJ/T 101—2015 [S].

[23] GUO H S，LIU K，QI H，等. Research on a Novel Prestressed Precast Efficient Fabricated
Frame System [C] //The 15th International Symposium on Structural Engineering (ISSE-
15). Hangzhou，China：2018.

[24] LIN P-C，TSAI K-C，WU A-C，等. Seismic design and experiment of single and coupled cor-
ner gusset connections in a full-scale two-story buckling-restrained braced frame [J]. Earth-
quake Engineering & Structural Dynamics，2015，44 (13)：2177-2198.

[25] NZCS. PRESSS Design Handbook [R]. 2010.

[26] KIM J. Behavior of hybrid frames under seismic loading [D]. University of Washington，2002.

[27] SPIETH H A，CARR A J，MURAHIDY A G，等. Modelling of post-tensioned precast rein-
forced concrete frame structures with rocking beam-column connections [C] //2004 NZSEE
Conference. 2004.

[28] Qi H，Guo H S，Liu K. Numerical Investigation of Beam-column Connections Using a New
Multiaxial- spring Model [C] //Proceedings of the International Conference on Computational
Methods. Rome，Italy：ScienTech，2018：608-621.

[29] Qi H，Guo H S，Liu K，et al. The Fiber Hinge Model for Unbonded Post-tensioned Beam-col-
umn Connections [C] //2018 装配式混凝土工业化建筑技术基础理论学术会议. 南
京，2018.

[30] SIDOROFF F. Description of Anisotropic Damage Application to Elasticity [M]. HULT J，
LEMAITRE J. Berlin，Heidelberg：Springer Berlin Heidelberg，1981.

[31] 李德毅. 预应力装配式混凝土框架 T 形节点抗震性能研究 [D]. 北京：中国矿业大学（北
京），2019.

[32] 谭康. 新型装配式混凝土框架—摇摆墙结构数值分析 [D]. 大连：大连理工大学，2019.

[33] 陈学伟. 剪力墙结构构件变形指标的研究及计算平台开发 [D]. 华南理工大学，2011.

[34] MANDER J. B.，PRIESTLEY M. J. N.，PARK R. Theoretical Stress-Strain Model for Con-
fined Concrete [J]. Journal of Structural Engineering，1988，114 (8)：1804-1826.

[35] 韩小雷，季静. 基于性能的超限高层建筑结构抗震设计 [M]. 北京：中国建筑工业出版
社，2013.

[36] GSA (GENERAL SERVICES ADMINISTRATION). Alternate Path Analysis & Design
Guidelines for Progressive Collapse Resistance [R]. GSA 2013，2016.

[37] UNIFIED FACILITIES CRITERIA (UFC). Design of Buildings to Resist Progressive Col-

lapse［R］. UFC 4-023-03，C3 2016，DOD，2016.

［38］ 北京市建筑设计研究院. 建筑结构专业技术措施［M］. 北京：中国建筑工业出版社，2011.

［39］ 郭海山，刘康，史鹏飞，等. 中建快速装配式框架（PPEFF）体系单榀框架试验报告［R］. 北京：中国建筑股份有限公司，2018.

［40］ 戚永乐. 基于材料应变的 RC 梁、柱及剪力墙构件抗震性能指标限值研究［D］. 华南理工大学，2012.

［41］ PRIESTLEY，M. J N. Displacement-based seismic design of structures［M］. IUSS Press，2008.

［42］ GAVRIDOU S. Shake table testing and analytical modeling of a full-scale，four-story unbonded post-tensioned concrete wall building［D］. UCLA，2015.

［43］ THOMAS PAULAY，M J N PRIESTLEY. Seismic Design of Reinforced Concrete and Masonry Buildings［M］. 1992.

［44］ COMPUTERS & STRUCTURES，INC. Components and Elements for Perform-3D［J］. 2018.

［45］ 郭海山，蒋立红，张涛，等. 无独立注浆口钢筋灌浆连接套筒及系统及施工方法：中国，ZL201510773791. 6［P］. 2016-02-03.